建设工程快速识图与诀窍丛书

U0170052

装饰工程快速识图与诀窍

万　滨　主编

中国建筑工业出版社

图书在版编目（CIP）数据

装饰工程快速识图与诀窍/万滨主编. —北京：
中国建筑工业出版社，2020.12
（建设工程快速识图与诀窍丛书）
ISBN 978-7-112-25838-3

Ⅰ．①装…　Ⅱ．①万…　Ⅲ．①建筑装饰-建筑制图-
识图　Ⅳ．①TU204

中国版本图书馆 CIP 数据核字（2021）第 024831 号

本书根据《房屋建筑制图统一标准》GB/T 50001—2017、《总图制图标准》GB/T
50103—2010、《建筑制图标准》GB/T 50104—2010、《房屋建筑室内装饰装修制图标准》
JGJ/T 244—2011 等标准编写，主要包括建筑装饰工程识图基础、建筑装饰装修施工图识
图诀窍、楼地面装饰施工图识图诀窍、墙面装饰施工图识图诀窍、顶棚装饰施工图识图诀
窍、门窗装饰施工图识图诀窍、楼梯装饰施工图识图诀窍以及建筑装饰工程识图实例。本
书详细讲解了最新制图标准、识图方法、步骤与诀窍，并配有丰富的识图实例，具有逻辑
性、系统性强、内容简明实用、重点突出等特点。

本书可供建筑工程设计、施工、监理等相关技术和管理人员使用，也可供建筑工程相
关专业的大中专院校师生学习参考使用。

责任编辑：郭　栋
责任校对：芦欣甜

建设工程快速识图与诀窍丛书
装饰工程快速识图与诀窍
万　滨　主编

*

中国建筑工业出版社出版、发行（北京海淀三里河路 9 号）
各地新华书店、建筑书店经销
霸州市顺浩图文科技发展有限公司制版
北京圣夫亚美印刷有限公司印刷

*

开本：787 毫米×1092 毫米　1/16　印张：12¼　字数：304 千字
2021 年 3 月第一版　　2021 年 3 月第一次印刷
定价：**39.00** 元
ISBN 978-7-112-25838-3
（36495）

编　委　会

主　编 万　滨

参　编（按姓氏笔画排序）

王　旭　王　雷　曲春光　张吉娜　张　彤

张　健　庞业周　侯乃军

前言 | Preface

　　在建筑装饰工程中，建筑装饰施工图即是将设计师的设计理念变成工程实体的基础文件，也是造价师进行装饰工程预算价格计算的编制依据。一个装饰工程如果没有施工图，设计师的原始意图就无法得到体现，设计师的各种创造性思维也就无地施才，没有设计施工图工程师也就无法根据施工图进行施工，也就不能把设计理念变成工程实体，造价师就无法计算装饰工程的预算价格，从而影响工程款的确定和下拨。也就是说，如果没有建筑装饰施工图，任何与建筑装饰工程有关的实践活动都将无法开展。所以对建筑装饰施工图进行正确的绘制和识读，就是掌握了建筑装饰工程入门的"语言"。为此，我们组织编写了这本书。

　　本书根据《房屋建筑制图统一标准》GB/T 50001—2017、《总图制图标准》GB/T 50103—2010、《建筑制图标准》GB/T 50104—2010、《房屋建筑室内装饰装修制图标准》JGJ/T 244—2011 等标准编写，主要包括建筑装饰工程识图基础、建筑装饰装修施工图识图诀窍、楼地面装饰施工图识图诀窍、墙面装饰施工图识图诀窍、顶棚装饰施工图识图诀窍、门窗装饰施工图识图诀窍、楼梯装饰施工图识图诀窍以及建筑装饰工程识图实例。本书详细讲解了最新制图标准、识图方法、步骤与诀窍，并配有丰富的识图实例，具有逻辑性、系统性强、内容简明实用、重点突出等特点。本书可供装饰工程设计、施工、监理等相关技术和管理人员使用，也可供装饰工程相关专业的大中专院校师生学习参考使用。

　　由于编写经验、理论水平有限，难免有疏漏、不足之处，敬请读者批评指正。

目录 | Contents

建筑装饰工程识图基础

1.1 基本规定

1.1.1 图线

（1）房屋建筑室内装饰装修图纸中图线的绘制方法及图线宽度应符合现行国家标准《房屋建筑制图统一标准》GB/T 50001—2017 的规定。

（2）房屋建筑室内装饰装修设计制图的线型应采用实线、虚线、单点长画线、折断线、波浪线、点线、样条曲线、云线等，并应选用表 1-1 所示的常用线型。

图线 表 1-1

名称		线型	线宽	一 般 用 途
实线	粗	——————	b	①平、剖面图中被剖切的建筑和装饰装修构造的主要轮廓线 ②房屋建筑室内装饰装修立面图的外轮廓线 ③房屋建筑室内装饰装修构造详图、节点图中被剖切部分的主要轮廓线 ④平、立、剖面图的剖切符号
	中粗	——————	$0.7b$	①平、剖面图中被剖切的建筑和装饰装修构造的次要轮廓线 ②房屋建筑室内装饰装修详图中的外轮廓线
	中	——————	$0.5b$	①房屋建筑室内装饰装修构造详图中的一般轮廓线 ②小于 $0.7b$ 的图形线、家具线、尺寸线、尺寸界线、索引符号、标高符号、引出线、地面、墙面的高差分界线等
	细	——————	$0.25b$	图形和图例的填充线

续表

名称		线型	线宽	一 般 用 途
虚线	中粗	- - - - - - - -	0.7b	①表示被遮挡部分的轮廓线 ②表示被索引图样的范围 ③拟建、扩建房屋建筑室内装饰装修部分轮廓线
	中	- - - - - - -	0.5b	①表示平面中上部的投影轮廓线 ②预想放置的建筑或构件
	细	- - - - - - -	0.25b	表示内容与中虚线相同,适合小于 0.5b 的不可见轮廓线
单点长画线	中粗	— · — · —	0.7b	运动轨迹线
	细	— · — · —	0.25b	中心线、对称线、定位轴线
折断线	细	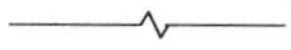 ————／\————	0.25b	不需要画全的断开界线
波浪线	细	 ～～～～～	0.25b	①不需要画全的断开界线 ②构造层次的断开界线 ③曲线形构件断开界限
点线	细	·················	0.25b	制图需要的辅助线
样条曲线	细	 ～～～	0.25b	①不需要画全的断开界线 ②制图需要的引出线
云线	中	 ⌒⌒⌒⌒⌒	0.5b	①圈出被索引的图样范围 ②标注材料的范围 ③标注需要强调、变更或改动的区域

（3）房屋建筑室内装饰装修的图线线宽宜符合现行国家标准《房屋建筑制图统一标准》GB/T 50001—2017 的规定。

1.1.2　比例

（1）图样的比例表示及要求应符合现行国家标准《房屋建筑制图统一标准》GB/T 50001—2017 的规定。

（2）图样的比例应根据图样用途与被绘对象的复杂程度选取。房屋建筑室内装饰装修制图中常用比例宜为 1∶1、1∶2、1∶5、1∶10、1∶15、1∶20、1∶25、1∶30、1∶40、1∶50、1∶75、1∶100、1∶150、1∶200。

（3）绘图所用的比例，应根据房屋建筑室内装饰装修设计的不同部位、不同阶段的图纸内容和要求确定，并应符合表 1-2 的规定。对于其他特殊情况，可自定比例。

绘图所用的比例 表 1-2

比例	部位	图纸内容
1∶200～1∶100	总平面、总顶面	总平面布置图、总顶棚平面布置图
1∶100～1∶50	局部平面、局部顶棚平面	局部平面布置图、局部顶棚平面布置图
1∶100～1∶50	不复杂的立面	立面图、剖面图

比例	部位	图纸内容
1：50～1：30	较复杂的立面	立面图、剖面图
1：30～1：10	复杂的立面	立面放大图、剖面图
1：10～1：1	平面及立面中需要详细表示的部位	详图
1：10～1：1	重点部位的构造	节点图

（4）同一图纸中的图样可选用不同比例。

1.1.3　剖切符号

（1）剖视的剖切符号应符合下列规定：

1）剖视的剖切符号应由剖切线、投射方向线和索引符号组成。剖切位置线位于图样被剖切的部位，以粗实线绘制，长度宜为8～10mm；投射方向线平行于剖切位置线，由细实线绘制，一段应与索引符号相连，另一段长度与剖切位置线平行且长度相等。绘制时，剖视剖切符号不应与其他图线相接触，如图1-1所示。也可采用国际统一和常用的剖视方法，如图1-2所示。

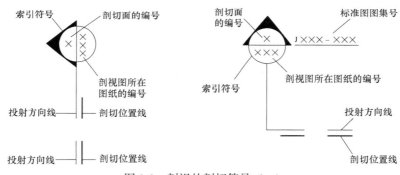

图1-1　剖视的剖切符号（一）

2）剖视的剖切符号的编号宜采用阿拉伯数字或字母，编写顺序按剖切部位在图样中的位置由左至右、由下至上编排，并注写在索引符号内。

3）索引符号内编号的表示方法应符合《房屋建筑室内装饰装修制图标准》JGJ/T 244—2011第3.6.7条的规定。

（2）采用由剖切位置线、引出线及索引符号组成的断面的剖切符号（图1-3）应符合下列规定：

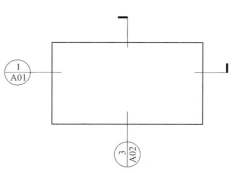

图1-2　剖视的剖切符号（二）

1）断面的剖切符号应由剖切位置线、引出线及索引符号组成。剖切位置线应以粗实线绘制，长度宜为8～10mm。引出线由细实线绘制，连接索引符号和剖切位置线。

2）断面的剖切符号的编号宜采用阿拉伯数字或字母，编写顺序按剖切部位在图样中的位置由左至右、由下至上编排，并应注写在索引符号内。

3）索引符号内编号的表示方法应符合《房屋建筑室内装饰装修制图标准》JGJ/T 244—2011 第 3.6.7 条的规定。

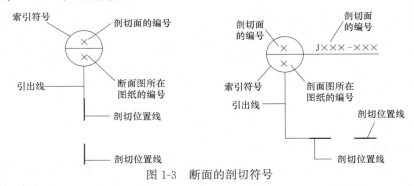

图 1-3　断面的剖切符号

（3）剖切符号应标注在需要表示装饰装修剖面内容的位置上。

1.1.4　索引符号

（1）索引符号根据用途的不同，可分为立面索引符号、剖切索引符号、详图索引符号、设备索引符号、部品部件索引符号。

（2）表示室内立面在平面上的位置及立面图所在图纸编号，应在平面图上使用立面索引符号，如图 1-4 所示。

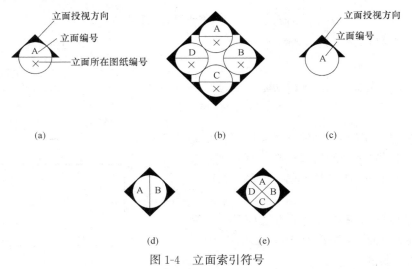

图 1-4　立面索引符号

（3）表示剖切面在界面上的位置或图样所在图纸编号，应在被索引的界面或图样上使用剖切索引符号，如图 1-5 所示。

（4）表示局部放大图样在原图上的位置及本图样所在页码，应在被索引图样上使用详图索引符号，如图 1-6 所示。

（5）表示各类设备（含设备、设施、家具、灯具等）的品种及对应的编号，应在图样上使用设备索引符号，如图 1-7 所示。

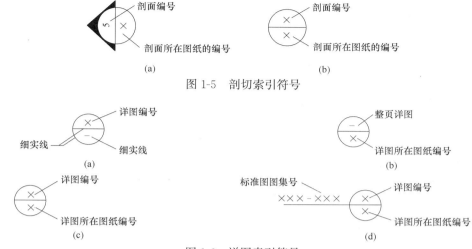

图 1-5 剖切索引符号

图 1-6 详图索引符号

（a）本页索引符号；（b）整页索引符号；（c）不同页索引符号；（d）标准图索引符号

（6）索引符号的绘制应符合下列规定：

1）立面索引符号由圆圈、水平直径组成，且圆圈及水平直径应以细实线绘制。根据图面比例，圆圈直径可选择 8～10mm。圆圈内应注明编号及索引图所在页码。立面索引符号应附以三角形箭头，且三角形箭头方向与投射方向一致，圆圈中水平直径、数字及字母（垂直）的方向应保持不变，如图 1-8 所示。

图 1-7 设备索引符号   图 1-8 立面索引符号

2）剖切索引符号和详图索引符号均由圆圈、直径组成，圆及直径应以细实线绘制。根据图面比例，圆圈直径可选择 8～10mm。圆圈内注明编号及索引图所在页码。剖切索引符号应附以三角形箭头，且三角形箭头方向与圆圈中直径、数字及字母（垂直于直径）的方向保持一致，并应随投射方向而变，如图 1-9 所示。

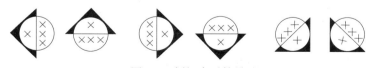

图 1-9 剖切索引符号

3）索引图样时，应以引出圈将被放大的图样范围完整圈出，并应由引出线连接引出圈和详图索引符号。图样范围较小的引出圈，应以圆形中粗虚线绘制，如图 1-10（a）所示；范围较大的引出圈，宜以有弧角的矩形中粗虚线绘制，如图 1-10（b）所示，也可以云线绘制，如图 1-10（c）所示。

4）设备索引符号应由正六边形、水平内径线组成，正六边形、水平内径线应以细实线绘制。根据图面比例，正六边形长轴可选择 8～12mm。正六边形内应注明设备编号及

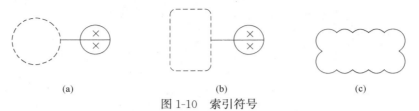

(a)　　　　　　　　　　(b)　　　　　　　　　　(c)

图 1-10　索引符号

（a）范围较小的索引符号；（b）范围较大的索引符号；（c）范围较大的索引符号

设备品种代号，如图 1-7 所示。

（7）索引符号的编号除应符合现行国家标准《房屋建筑制图统一标准》GB/T 50001—2017 的规定外，尚应符合下列规定：

1）当引出图与被索引的详图在同一张图纸内，应在索引符号的上半圆中用阿拉伯数字或字母注明该索引图的编号，在下半圆中间画一段水平细实线，如图 1-4（a）所示。

2）当引出图与被索引的详图不在同一张图纸内，应在索引符号的上半圆中用阿拉伯数字或字母注明该详图的编号，在索引符号的下半圆中用阿拉伯数字或字母注明该详图所在图纸的编号。数字较多时，可加文字标注，如图 1-4（c）、（d）所示。

3）在平面图中采用立面索引符号时，应采用阿拉伯数字或字母为立面编号代表各投视方向，并应以顺时针方向排序，如图 1-11 所示。

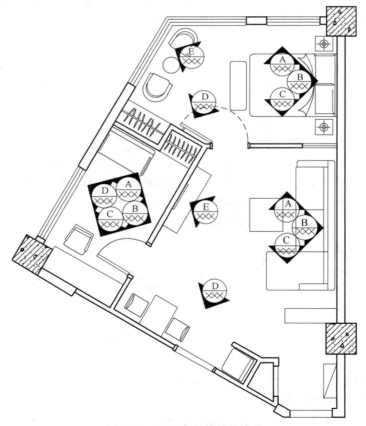

图 1-11　立面索引符号的编号

1.1.5 图名编号

（1）房屋建筑室内装饰装修的图纸宜包括平面图、索引图、顶棚平面图、立面图、剖面图、详图等。

（2）图名编号应由圆、水平直径、图名和比例组成。圆及水平直径均应由细实线绘制，圆直径根据图面比例，可选择 8～12mm，如图 1-12 和图 1-13 所示。

图 1-12　被索引出的图样的图名编号　　图 1-13　索引图与被索引出的图样同在一张图纸内的图名编写

（3）图名编号的绘制应符合下列规定：

1）用来表示被索引出的图样时，应在图号圆圈内画一水平直径，上半圆中应用阿拉伯数字或字母注明该图样编号，下半圆中应用阿拉伯数字或字母注明该图索引符号所在图纸编号，如图 1-12 所示。

2）当索引出的详图图样如与索引图同在一张图纸内时，圆内可用阿拉伯数字或字母注明详图编号，也可在圆圈内画一水平直径，且上半圆中用阿拉伯数字或字母注明编号，下半圆中间应画一段水平细实线，如图 1-13 所示。

（4）图名编号引出的水平直线上方宜用中文注明该图的图名，其文字宜与水平直线前端对齐或居中。

1.1.6 引出线

（1）引出线的绘制应符合现行国家标准《房屋建筑制图统一标准》GB/T 50001—2017 的规定。

（2）引出线起止符号可采用圆点绘制，如图 1-14（a）所示；也可采用箭头绘制，如图 1-14（b）所示。起止符号的大小应与本图样尺寸的比例相协调。

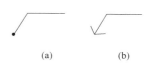

（3）多层构造或多个部位共用引出线，应通过被引出的各层或各部分，并应以引出线起止符号指出相应位置。引出线和
图 1-14　引出线起止符号

文字说明的表示应符合现行国家标准《房屋建筑制图统一标准》GB/T 50001—2017 的规定，如图 1-15 所示。

1.1.7 其他符号

1）对称符号应由对称线和分中符号组成。对称线应用细单点长画线绘制，分中符号应用细实线绘制。分中符号可采用两对平行线或英文缩写。采用平行线作为分中符号时，如图 1-16（a）所示，应符合现行国家标准《房屋建筑制图统一标准》GB/T 50001—2017 的规定；采用英文缩写作为分中符号时，大写英文 CL 置于对称线一端，如图 1-16（b）所示。

2）连接符号应以折断线或波浪线表示需连接的部位。两部位相距过远时，折断线或

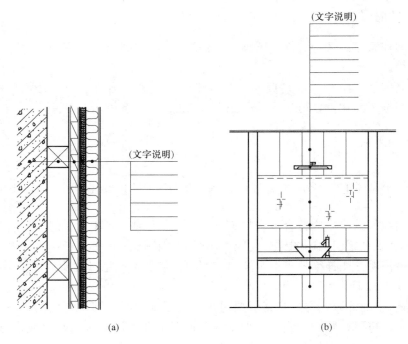

图 1-15　共用引出线示意

（a）多层构造共用引出线；（b）多个物象共用引出线

波浪线两端靠图样一侧应标注大写拉丁字母表示连接编号。两个被连接的图样应用相同的字母编号，如图 1-17 所示。

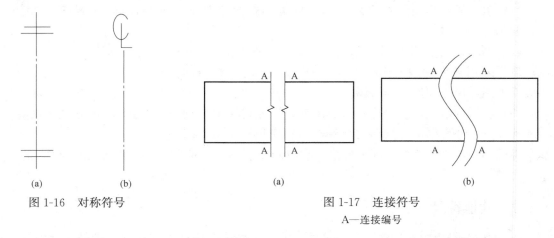

图 1-16　对称符号　　　　　　　　　　　　图 1-17　连接符号

A—连接编号

3）立面的转折应用转角符号表示，且转角符号应以垂直线连接两端交叉线并加注角度符号表示，如图 1-18 所示。

4）指北针的绘制应符合现行国家标准《房屋建筑制图统一标准》GB/T 50001—2017 的规定。指北针应绘制在房屋建筑室内装饰装修整套图纸的第一张平面图上，并应位于明显位置。

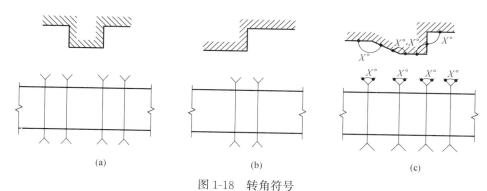

图 1-18 转角符号

（a）表示成 90°外凸立面；（b）表示成 90°内转折立面；（c）表示不同角度转折外凸立面

1.1.8 尺寸标注

（1）图样尺寸标注的一般标注方法应符合现行国家标准《房屋建筑制图统一标准》GB/T 50001—2017 的规定。

（2）尺寸起止符号可用中粗斜短线绘制，并应符合现行国家标准《房屋建筑制图统一标准》GB/T 50001—2017 的规定；也可用黑色圆点绘制，其直径宜为 1mm。

（3）尺寸标注应清晰，不应与图线、文字及符号等相交或重叠。

（4）尺寸宜标注在图样轮廓以外，当需要注在图样内时，不应与图线、文字及符号等相交或重叠。当标注位置相对密集时，各标注数字应在离该尺寸线较近处注写，并应与相邻数字错开。标注方法应符合现行国家标准《房屋建筑制图统一标准》GB/T 50001—2017 的规定。

（5）总尺寸应标注在图样轮廓以外。定位尺寸及细部尺寸可根据用途和内容注写在图样外或图样内相应的位置。注写要求应符合（3）的规定。

（6）尺寸标注和标高注写应符合下列规定：

1）立面图、剖面图及详图应标注标高和垂直方向尺寸；不易标注垂直距离尺寸时，可在相应位置标注标高，如图 1-19 所示。

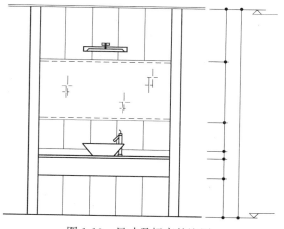

图 1-19 尺寸及标高的注写

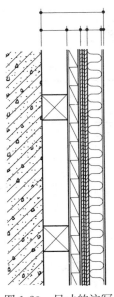

图1-20　尺寸的注写

2）各部分定位尺寸及细部尺寸应注写净距离尺寸或轴线间尺寸。

3）标注剖面或详图各部位的定位尺寸时，应注写其所在层次内的尺寸，如图1-20所示。

4）图中连续等距重复的图样，当不易标明具体尺寸时，可按现行国家标准《建筑制图标准》GB/T 50104—2010的规定表示。

5）对于不规则图样，可用网格形式标注尺寸，标注方法应符合现行国家标准《房屋建筑制图统一标准》GB/T 50001—2017的规定。

（7）标高符号和标注方法应符合现行国家标准《房屋建筑制图统一标准》GB/T 50001—2017的规定。

（8）房屋建筑室内装饰装修中，设计空间应标注标高，标高符号可采用直角等腰三角形，也可采用涂黑的三角形或90°对顶角的圆，标注顶棚标高时，也可采用CH符号表示，如图1-21所示。

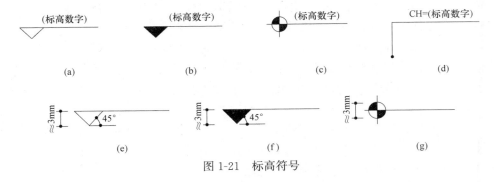

图1-21　标高符号

1.1.9　图样画法

1. 投影法

1）房屋建筑室内装饰装修设计的视图，应采用位于建筑内部的视点按正投影法并用第一角画法绘制，且自A的投影镜像图应为顶棚平面图，自B的投影应为平面图，自C、D、E、F的投影应为立面图，如图1-22所示。

2）顶棚平面图应采用镜像投影法绘制，其图像中纵横轴线排列应与平面图完全一致，如图1-23所示。

3）装饰装修界面与投影面不平行时，可用展开图表示。

2. 平面图

1）除顶棚平面图外，各种平面图应按正投影法绘制。

2）平面图宜取视平线以下适宜高度水平剖切俯视所

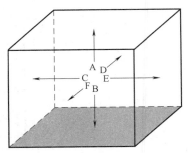

图1-22　第一角画法

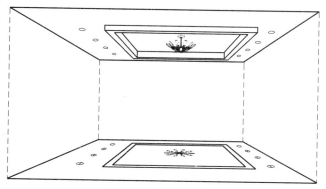

图1-23　镜像投影法

得，并根据表现内容的需要，可增加剖视高度和剖切平面。

3）建筑物平面图应在建筑物的门窗洞口处水平剖切俯视（屋顶平面图应在屋面以上俯视），图内应包括剖切面及投影方向可见的建筑构造以及必要的尺寸、标高等，如需表示高窗、洞口、通气孔、槽、地沟及起重机等不可见部分，则应以虚线绘制。

4）平面图应表达室内水平界面中正投影方向的物象，且需要时，还应表示剖切位置中正投影方向墙体的可视物象。

5）局部平面放大图的方向宜与楼层平面图的方向一致。

6）平面图中应注写房间的名称或编号，编号注写在直径为6mm细实线绘制的圆圈内，其字体大小应大于图中索引用文字标注，并应在同张图纸上列出房间名称表。

7）对于平面图中的装饰装修物件，可注写名称或用相应的图例符号表示。

8）在同一张图纸上绘制多于一层的平面图时，各层平面图宜按层数由低向高的顺序从左至右或从下至上布置。

9）对于较大的房屋建筑室内装饰装修平面图，可分区绘制平面图，且每张分区平面图均应以组合示意图表示所在位置。对于在组合示意图中要表示的分区，可采用阴影线或填充色块表示。各分区应分别用大写拉丁字母或功能区名称表示。各分区视图的分区部位及编号应一致，并应与组合示意图对应。

10）房屋建筑室内装饰装修平面起伏较大的呈弧形、曲折形或异形时，可用展开图表示，不同的转角面用转角符号表示连接，且画法应符合现行国家标准《建筑制图标准》GB/T 50104—2010的规定。

11）在同一张平面图内，对于不在设计范围内的局部区域应用阴影线或填充色块的方式表示。

12）为表示室内立面在平面上的位置，应在平面图上表示出相应的立面索引符号。立面索引符号的绘制应符合《房屋建筑室内装饰装修制图标准》JGJ/T 244—2011第3.6.6条、第3.6.7条的规定。

13）对于平面图上未被剖切到的墙体立面的洞、龛等，在平面图中可用细虚线连接表明其位置。

14）房屋建筑室内各种平面中出现异形的凹凸形状时，可用剖面图表示。

3. 顶棚平面图

1）房屋建筑室内装饰装修顶棚平面图应按镜像投影法绘制。

2）顶棚平面图中应省去平面图中门的符号，并应用细实线连接门洞以表明位置。墙体立面的洞、龛等，在顶棚平面中可用细虚线连接表明其位置。

3）顶棚平面图应表示出镜像投影后水平界面上的物象，且需要时，还应表示剖切位置中投影方向的墙体的可视内容。

4）平面为圆形、弧形、曲折形、异形的顶棚平面，可用展开图表示，不同的转角面用转角符号表示连接。

5）房屋建筑室内顶棚上出现异形的凹凸形状时，可用剖面图表示。

4. 立面图

1）房屋建筑室内装饰装修立面图应按正投影法绘制。

2）立面图应表达室内垂直界面中投影方向的物体，需要时，还应表示剖切位置中投影方向的墙体、顶棚、地面的可视内容。

3）室内立面图应包括投影方向可见的室内轮廓线和装修构造、门窗、构配件、墙面作法、固定家具、灯具、必要的尺寸和标高及需要表达的非固定家具、灯具、装饰物件等（室内立面图的顶棚轮廓线，可根据具体情况只表达吊平顶或同时表达吊平顶及结构顶棚）。

4）立面图的两端宜标注建筑平面定位轴线编号。

5）平面为圆形、弧形、曲折形、异形的室内立面，可用展开图表示，不同的转角面用转角符号表示连接，圆形或多边形平面的建筑物，可分段展开绘制立面图，但是均应在图名后加注"展开"二字。

6）对称式装饰装修面或物体等，在不影响物象表现的情况下，立面图可绘制一半，并应在对称轴线处画对称符号。

7）在房屋建筑室内装饰装修立面图上，相同的装饰装修构造样式可选择一个样式绘出完整图样，其余部分可只画图样轮廓线。

8）在房屋建筑室内装饰装修立面图上，表面分隔线应表示清楚，并应用文字说明各部位所用材料及色彩等。

9）圆形或弧线形的立面图应以细实线表示出该立面的弧度感，如图 1-24 所示。

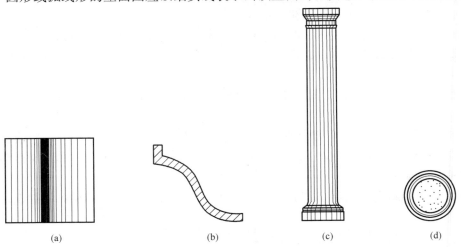

图 1-24　圆形或弧线形图样立面

（a）立面图；（b）平面图；（c）立面图；（d）平面图

10）立面图宜根据平面图中立面索引编号标注图名。有定位轴线的立面，也可根据两端定位轴线号编注立面图名称。

5. 剖面图和断面图

（1）剖面图的剖切部位，应根据图纸的用途或设计深度，在平面图上选择能反映全貌、构造特征以及有代表性的部位剖切。

（2）各种剖面图应按正投影法绘制。

（3）建筑剖面图内应包括剖切面和投影方向可见的建筑构造、构配件以及必要的尺寸、标高等。

（4）剖切符号可用阿拉伯数字、罗马数字或拉丁字母编号，如图 1-25 所示。

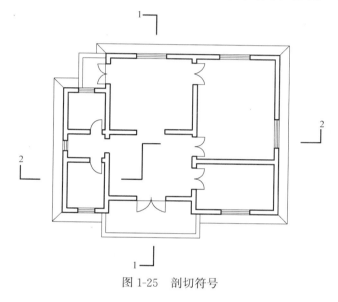

图 1-25　剖切符号

（5）画室内剖立面时，相应部位的墙体、楼地面的剖切面宜有所表示。必要时，占空间较大的设备管线、灯具等的剖切面，亦应在图纸上绘出。

（6）剖面图除应画出剖切面切到部分的图形外，还应画出沿投射方向看到的部分，被剖切面切到部分的轮廓线用粗实线绘制，剖切面没有切到，但沿投射方向可以看到的部分，用中实线绘制；断面图则只需（用粗实线）画出剖切面切到部分的图形，如图 1-26 所示。

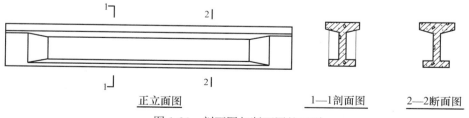

正立面图　　　　1—1剖面图　　　2—2断面图

图 1-26　剖面图与断面图的区别

（7）剖面图和断面图应按下列方法剖切后绘制：

1）用一个剖切面剖切，如图 1-27 所示。

2）用两个或两个以上平行的剖切面剖切，如图 1-28 所示。

3）用两个相交的剖切面剖切，如图 1-29 所示。用此法剖切时，应在图名后注明"展开"字样。

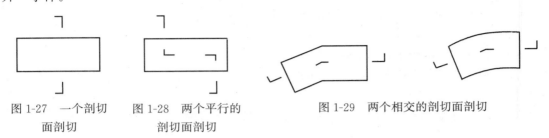

图 1-27　一个剖切
面剖切

图 1-28　两个平行的
剖切面剖切

图 1-29　两个相交的剖切面剖切

（8）分层剖切的剖面图，应按层次以波浪线将各层隔开，波浪线不应与任何图线重合，如图 1-30 所示。

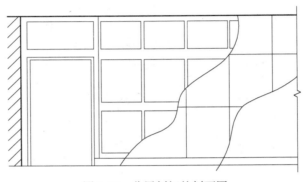

图 1-30　分层剖切的剖面图

（9）杆件的断面图可绘制在靠近杆件的一侧或端部处并按顺序依次排列，如图 1-31 所示，也可绘制在杆件的中断处，如图 1-32 所示；结构梁板的断面图可画在结构布置图上，如图 1-33 所示。

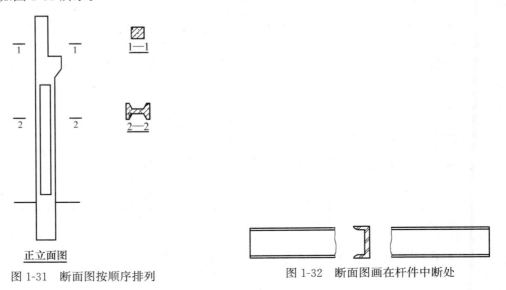

正立面图

图 1-31　断面图按顺序排列

图 1-32　断面图画在杆件中断处

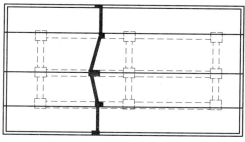

图 1-33 断面图画在布置图上

6. 视图布置

1）当在同一张图纸上绘制若干个视图时，各视图的位置应根据视图的逻辑关系和版面的美观决定，如图 1-34 所示。各视图的位置宜按图 1-35 的顺序进行布置。

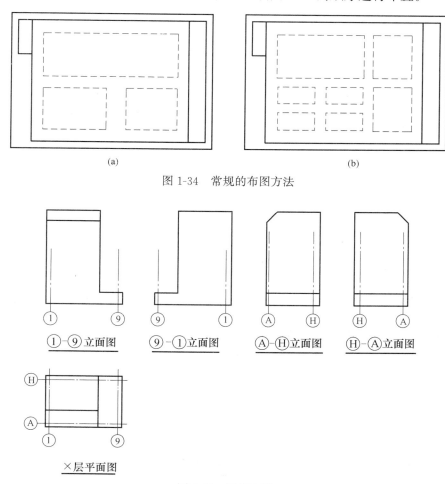

(a)　　　　　　　　　　　　　　　(b)

图 1-34 常规的布图方法

①-⑨立面图　　⑨-①立面图　　Ⓐ-Ⓗ立面图　　Ⓗ-Ⓐ立面图

×层平面图

图 1-35 视图布置

2）每个视图一般均应标注图名。各视图图名的命名，主要包括：平面图、立面图、剖面图或断面图、详图。同一种视图多个图的图名前加编号以示区分。平面图，以楼层编号，包括地下二层平面图、地下一层平面图、首层平面图、二层平面图等。立面图以该图两端头的轴线号编号，剖面图或断面图以剖切号编号。详图以索引号编号。图名宜标注在视图的下方或一侧，并在图名下用粗实线绘一条横线，其长度应以图名所占长度为准，如图 1-35 所示。使用详图符号作图名时，符号下不再画线。

3）分区绘制的建筑平面图，应绘制组合示意图，指出该区在建筑平面图中的位置。各分区视图的分区部位及编号均应一致，并应与组合示意图一致，如图 1-36 所示。

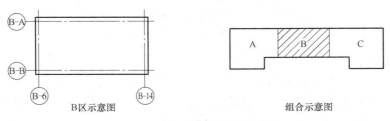

图 1-36　分区绘制建筑平面图

4）总平面图应反映建筑物在室外地坪上的墙基外包线，不应画屋顶平面投影图。同一工程不同专业的总平面图，在图纸上的布图方向均应一致；单体建（构）筑物平面图在图纸上的布图方向，必要时可与其在总平面图上的布图方向不一致，但必须标明方位；不同专业的单体建（构）筑物平面图，在图纸上的布图方向均应一致。

在建筑设计中，表示拟建房屋所在规划用地范围内的总体布置图，并且反映与原有环境的关系及领界的情况等的图样称为总平面图。

在房屋建筑室内装饰装修设计中，表示需要设计的平面与所在楼层平面或者环境的总体关系的图样，称为总平面图。

5）建（构）筑物的某些部分，如与投影面不平行（如圆形、折线形、曲线形等），在画立面图时，可将该部分展至与投影面平行，再以正投影法绘制，并应在图名后注写"展开"字样。

6）建筑吊顶（顶棚）灯具、风口等设计绘制布置图，应是反映在地面上的镜面图，不是仰视图。

1.2　装饰装修工程常用图例

1.2.1　常用房屋建筑室内装饰装修材料图例

常用房屋建筑室内材料、装饰装修材料应按表 1-3 所示图例画法绘制。

常用房屋建筑室内装饰装修材料图例　　　　　　　　　　　　　表 1-3

序号	名　称	图　例	备　注
1	夯实土壤		—

序号	名　　称	图　　例	备　　注
2	砂砾石、碎砖三合土		—
3	石材		注明厚度
4	毛石		必要时注明石料块面大小及品种
5	普通砖		包括实心砖、多孔砖、砌块等。断面较窄不易绘出图例线时，可涂黑，并在备注中加注说明，画出该材料图例
6	轻质砌块砖		指非承重砖砌体
7	轻钢龙骨板材隔墙		注明材料品种
8	饰面砖		包括铺地砖、墙面砖、陶瓷马赛克等
9	混凝土		1)指能承重的混凝土及钢筋混凝土 2)各种强度等级、骨料、添加剂的混凝土 3)在剖面图上画出钢筋时，不画图例线 4)断面图形小，不易画出图例线时，可涂黑
10	钢筋混凝土		
11	多孔材料		包括水泥珍珠岩、沥青珍珠岩、泡沫混凝土、非承重加气混凝土、软木、蛭石制品等
12	纤维材料		包括矿棉、岩棉、玻璃棉、麻丝、木丝板、纤维板等
13	泡沫塑料材料		包括聚苯乙烯、聚乙烯、聚氨酯等多孔聚合物类材料
14	密度板		注明厚度
15	实木		表示垫木、木砖或木龙骨
			表示木材横断面

序号	名　称	图　例	备　注
15	实木		表示木材纵断面
16	胶合板		注明厚度或层数
17	多层板		注明厚度或层数
18	木工板		注明厚度
19	石膏板		1)注明厚度 2)注明石膏板品种名称
20	金属		1)包括各种金属,注明材料名称 2)图形小时,可涂黑
21	液体	（平面）	注明具体液体名称
22	玻璃砖		注明厚度
23	普通玻璃	（立面）	注明材质、厚度
24	磨砂玻璃	（立面）	1)注明材质、厚度 2)本图例采用较均匀的点
25	夹层(夹绢、夹纸)玻璃	（立面）	注明材质、厚度
26	镜面	（立面）	注明材质、厚度

续表

序号	名　　称	图　　例	备　　注
27	橡胶		—
28	塑料		包括各种软、硬塑料及有机玻璃等
29	地毯		注明种类
30	防水材料	（小尺度比例） （大尺度比例）	注明材质、厚度
31	粉刷		本图例采用较稀的点
32	窗帘	（立面）	箭头所示为开启方向

注：序号1、3、5、6、10、11、16、17、20、23、25、27、28图例中的斜线、短斜线、交叉斜线等均为45°。

1.2.2　常用家具图例

常用家具图例应按表1-4所示图例的画法绘制。

常用家具图例　　　　　　　　　　　　　　　　　　表1-4

序号	名称		图　　例	备　　注
1	沙发	单人沙发		1）立面样式根据设计自定 2）其他家具图例根据设计自定
		双人沙发		
		三人沙发		
2	办公桌			

续表

序号	名称		图　例	备　注
3	椅	办公椅		1)立面样式根据设计自定　2)其他家具图例根据设计自定
		休闲椅		
		躺椅		
4	床	单人床	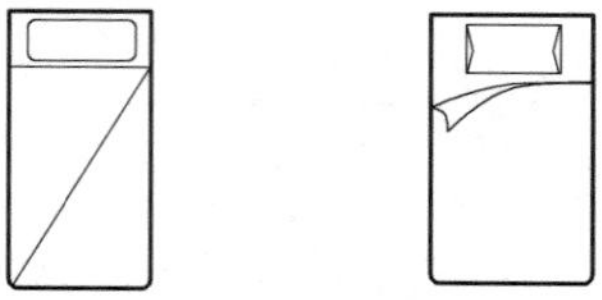	
		双人床		
5	橱柜	衣柜	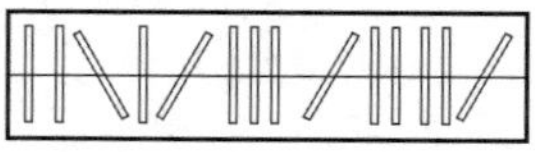	1)柜体的长度及立面样式根据设计自定　2)其他家具图例根据设计自定
		低柜	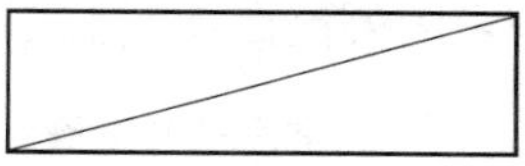	
		高柜	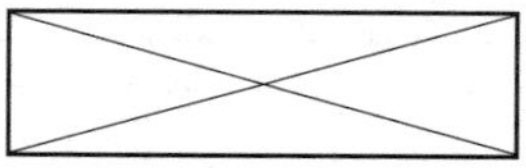	

1.2.3　常用电器图例

常用电器图例应按表 1-5 所示图例画法绘制。

常用电器图例　　　　　　　　　　表 1-5

序号	名称	图　例	备　注
1	电视	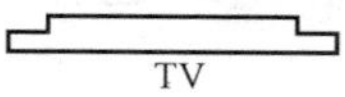 TV	1)立面样式根据设计自定　2)其他电器图例根据设计自定
2	冰箱	 REF	

序号	名称	图　例	备　注
3	空调	A / C	
4	洗衣机	W / M	
5	饮水机	WD	1)立面样式根据设计自定 2)其他电器图例根据设计自定
6	电脑	PC	
7	电话	TEL	

1.2.4 常用厨具图例

常用厨具图例应按表 1-6 所示图例画法绘制。

常用厨具图例　　　　　　　　　　　　　　　　　　　表 1-6

序号	名　　称		图　　例	备　　注
1	灶具	单头灶		1)立面样式根据设计自定 2)其他厨具图例根据设计自定
		双头灶		
		三头灶		
		四头灶		
		六头灶		

续表

序号	名　称		图　例		备　注
2	水槽	单盆			1)立面样式根据设计自定 2)其他厨具图例根据设计自定
		双盆			

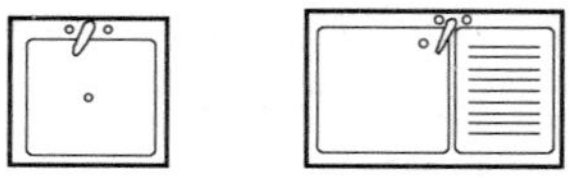

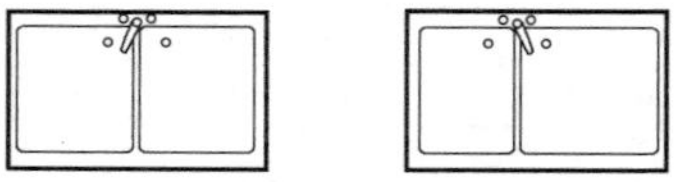

1.2.5　常用洁具图例

常用洁具图例宜按表 1-7 所示图例画法绘制。

常用洁具图例　　　　　　　　　　　　　　　　表 1-7

序号	名　称		图　例	备　注
1	大便器	坐式	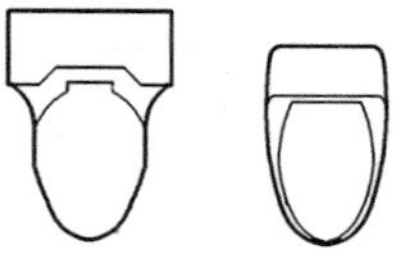	
		蹲式	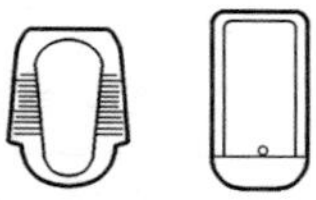	
2	小便器		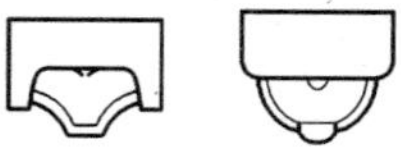	1)立面样式根据设计自定 2)其他洁具图例根据设计自定
3	台盆	立式	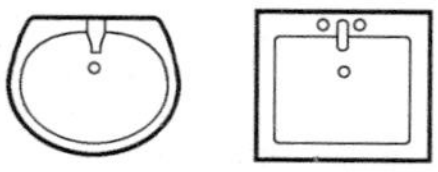	
		台式	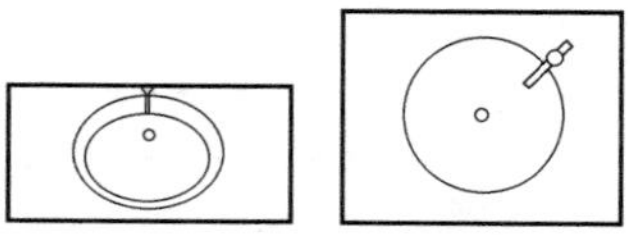	
		挂式		
4	污水池		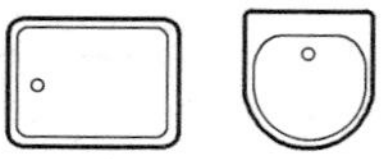	

续表

序号	名　称		图　例	备　注
5	浴缸	长方形	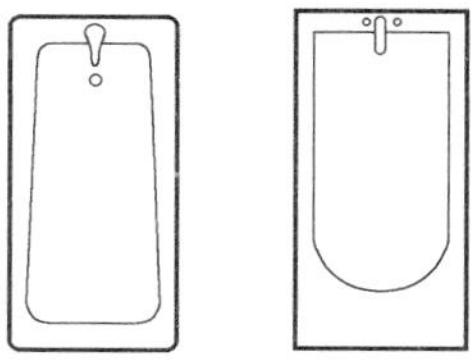	1)立面样式根据设计自定 2)其他洁具图例根据设计自定
		三角形	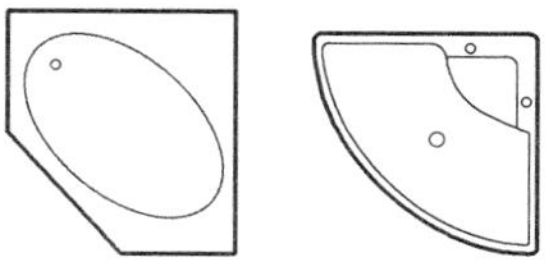	
		圆形	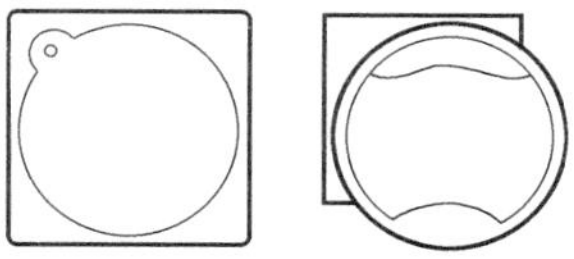	
6	淋浴房		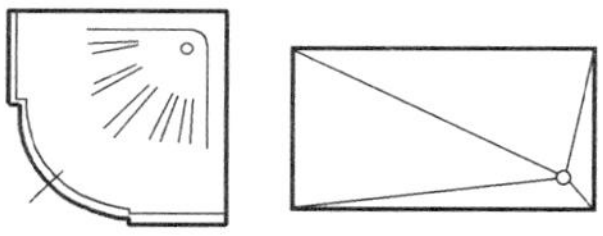	

1.2.6　室内常用景观配饰图例

室内常用景观配饰图例宜按表 1-8 所示图例的画法绘制。

室内常用景观配饰图例　　　　　　　　　　　　　　表 1-8

序号	名称	图　例	备　注
1	阔叶植物	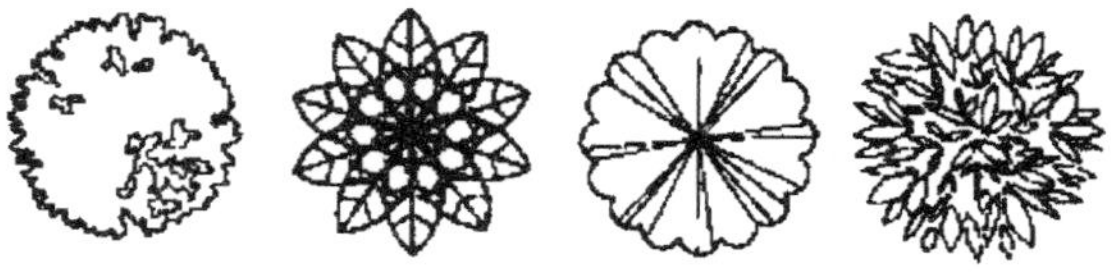	1)立面样式根据设计自定 2)其他景观配饰图例根据设计自定
2	针叶植物	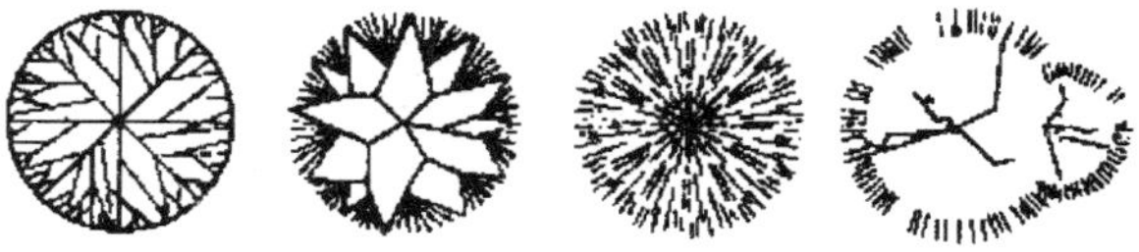	
3	落叶植物	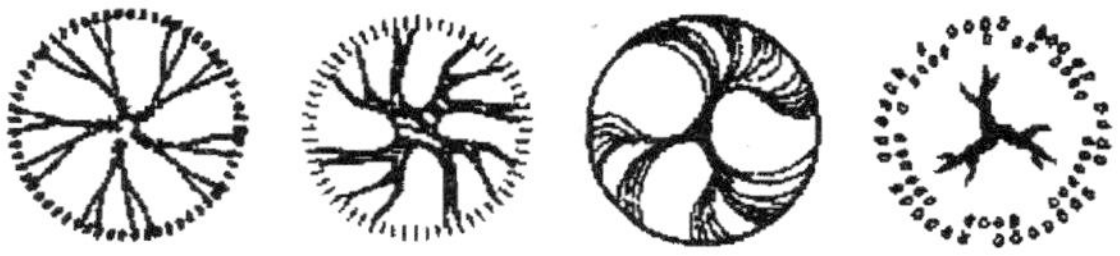	

序号	名称		图　例	备　注
4	盆景类	树桩类		
		观花类		
		观叶类		
		山水类		
5	插花类			
6	吊挂类			1)立面样式根据设计自定 2)其他景观配饰图例根据设计自定
7	棕榈植物			
8	水生植物			
9	假山石			
10	草坪			
11	铺地	卵石类		
		条石类		
		碎石类		

1.2.7 常用灯光照明图例

常用灯光照明图例应按表1-9所示图例画法绘制。

常用灯光照明图例

表 1-9

序 号	名 称	图 例
1	艺术吊灯	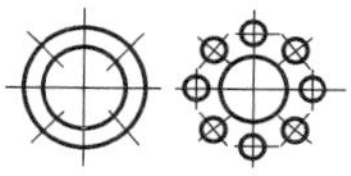
2	吸顶灯	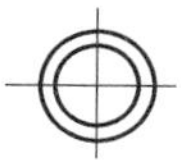
3	筒灯	
4	射灯	
5	轨道射灯	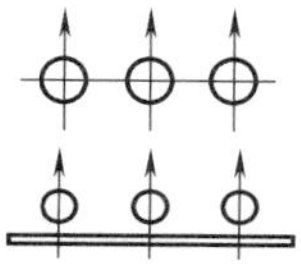
6	格栅射灯	（单头） （双头） （三头）
7	格栅荧光灯	（正方形） （长方形）
8	暗藏灯带	
9	壁灯	
10	台灯	
11	落地灯	
12	水下灯	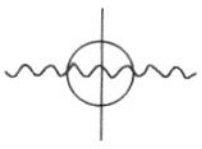
13	踏步灯	

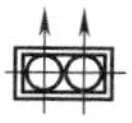

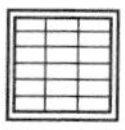

续表

序　号	名　称	图　例
14	荧光灯	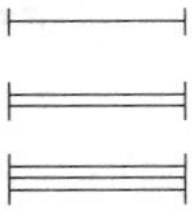
15	投光灯	
16	泛光灯	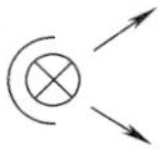
17	聚光灯	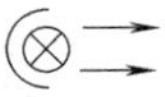

1.2.8　常用设备图例

常用设备图例应按表 1-10 所示图例画法绘制。

常用设备图例　　　　　　　　　　　　表 1-10

序　号	名　称	图　例
1	送风口	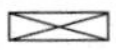 （条形）（方形） 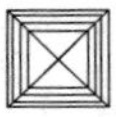
2	回风口	 （条形）（方形） 
3	侧送风、侧回风	
4	排气扇	
5	风机盘管	 （立式明装）（卧式明装） 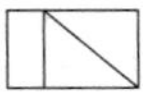
6	安全出口	EXIT
7	防火卷帘	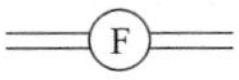 F
8	消防自动喷淋头	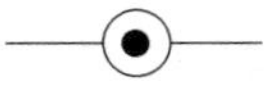
9	感温探测器	
10	感烟探测器	S
11	室内消火栓	（单口）（双口） 
12	扬声器	

1.2.9 常用开关、插座图例

常用开关、插座图例应按表 1-11、表 1-12 所示图例的画法绘制。

开关、插座立面图例　　　　　　　　　　　　表 1-11

序　号	名　称	图　例
1	单相二极电源插座	⊕
2	单相三极电源插座	Y
3	单相二、三极电源插座	⊕Y
4	电话、信息插座	▱ （单孔） ▱▱ （双孔）
5	电视插座	◎ （单孔） ◎◎ （双孔）
6	地插座	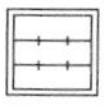
7	连接盒、接线盒	●
8	音响出线盒	Ⓜ
9	单联开关	□
10	双联开关	□□
11	三联开关	□□□
12	四联开关	□□□□
13	锁匙开关	
14	请勿打扰开关	DTD
15	可调节开关	◎
16	紧急呼叫按钮	○

开关、插座平面图例　　　　　　　　　　　　表 1-12

序　号	名　称	图　例
1	（电源）插座	
2	三个插座	

续表

序　号	名　　称	图　例
3	带保护极的(电源)插座	
4	单相二、三极电源插座	
5	带单极开关的(电源)插座	
6	带保护极的单极开关的(电源)插座	
7	信息插座	C
8	电接线箱	J
9	公用电话插座	
10	直线电话插座	
11	传真机插座	F
12	网络插座	C
13	有线电视插座	TV
14	单联单控开关	
15	双联单控开关	
16	三联单控开关	
17	单极限时开关	t
18	双极开关	
19	多位单极开关	
20	双控单极开关	
21	按钮	
22	配电箱	AP

1.3 投影及投影图

1.3.1 投影的基础知识

1. 投影的概念

物体在光线的照射下，会在地面或墙面上产生影子，这种影子只能反映物体的简单轮廓，不能反映其真实大小和具体形状。工程制图利用了自然界的这种现象，将其进行了科学地抽象和概括：假设所有物体都是透明体，光线能够穿透物体，这样得到的影子将反映物体的具体形状，这就是投影。如图 1-37 所示。

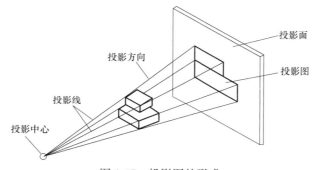

图 1-37 投影图的形成

产生投影必须具备以下条件：

（1）光线——把发出光线的光源称为投影中心，光线称为投影线。

（2）形体——只表示物体的形状和大小，而不反映物体的物理性质。

（3）投影方向、投影面——光线的射向称为投影方向，落影的平面称为投影面。

2. 三个投影面的展开

投影按射线之间的关系，分为中心投影和平等投影两类。

由一个投射中心发出形成的投影即为中心投影。当投射中心无限远，投射线相互平行，这类投影为平行投影。平行投影又分为斜投影和正投影。正投影是当投射线与投影面垂直时所得到的投影。

工程制图中，绘制图样的主要方法是正投影法。

在工程实践中，由于装饰装修中的各个组成要素的形体是复杂的，因此需要从多个方面清晰地了解其形状、结构与构造，以便识读、预算和施工，所以单面投影是不能够满足工程制图需要的。鉴于上述原因，在工程实践中常常设立三个互相垂直的平面作为投影面，把水平投影面用 H 标记，正立投影面用 Y 表示，侧立投影面用 W 表示。两投影轴，H 面与 Y 面相交的为 OX 轴，H 面与 W 面相交为 OY 轴，Y 面与 W 面相交的是 OZ 轴，三轴交点为原点 O，以此就构成了三面投影体系，如图 1-38 所示。

将一个立体置于三个投影面体系中，并使其表面平行于投影面或垂直于投影面（立体与投影面的距离不影响立体的投影），然后将立体分别向三个投影面进行正投影。

3. 三面投影图的规律

由于作形体投影图时形体的位置不变，展开后，同时反映形体长度的水平投影和正面投影左右对齐——长对正，同时反映形体高度的正面图和侧面图上下对齐——高平齐，同时反映形体宽度的水平投影和侧面投影前后对齐——宽相等，如图 1-39 所示。

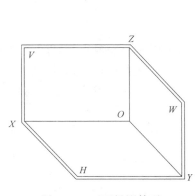

图 1-38　三面投影体系

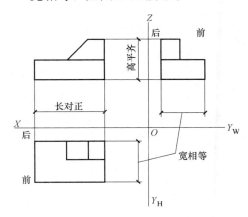

图 1-39　三面投影图的规律

"长对正、高平齐、宽相等"是形体三面投影图的规律，无论是整个物体还是物体的局部投影都应符合这条规律。

1.3.2　点、直线和平面元素的投影

几何学中，点、直线和平面是组成形体的最基本的几何元素。因此，如果要掌握形体的投影规律，首先应掌握点、直线与平面的投影规律。

1. 点的投影

（1）点在三投影面体系中的投影

仅有一个投影不能确定形体的形状与大小。通常，是将形体放在三投影面体系中进行投影，由三视图来表示形体的空间形状。

如图 1-40（a）所示，空间点 A 分别向三个投影面作正投影，即通过 A 点分别作垂直于 H、V、W 面的三条投射线，投射线与三个投影面的交点，就是 A 点的三面投影。规定投影用相应的小写字母表示，标记为 a、a'、a''，其中 a 是 A 点的水平（H 面）投影；a' 是 A 点的正面（V 面）投影；a'' 是 A 点的侧面（W 面）投影。

移去空间点 A，将投影体系展开，即形成三面投影图，如图 1-40（b）所示。

由图 1-40（a）可知，通过 A 点的各投射线与三条投影轴形成一个长方体，其中相交的边相互垂直，平行的边长度相等。当展开投影面后，点的三面投影之间具有如下投影特性：

1）点的投影连线垂直于投影轴，即：

$$aa' \perp OX$$
$$a'a'' \perp OZ$$
$$aa_Y \perp OY_H, a''a_Y \perp OY_W$$

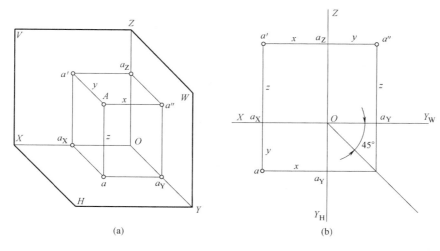

图 1-40 点的三面投影
(a) 立体图；(b) 投影图

2) 点的投影到投影轴的距离等于该空间点到相应投影面的距离，即：

$$a'a_X = a''a_Y = Aa$$
$$aa_X = a''a_Z = Aa'$$
$$aa_Y = a'a_Z = Aa''$$

上述两条投影特性便是形体在三视图中投影规律"长对正，高平齐，宽相等"的理论依据。

在三投影面体系中，点的空间位置一般取决于点到三投影面的距离。若点在某投影面上，则点至该投影面的距离为零，其投影与自身重合。而另外两个投影分别位于两条投影轴上。如图 1-41 所示，B 点位于 V 面上，b' 与 B 重合；b、b'' 分别位于 OX 轴与 OZ 轴上。C 点位于 OY 轴上。

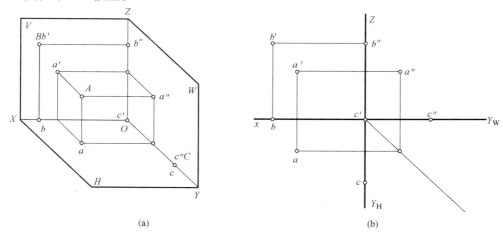

图 1-41 各种位置的点
(a) 立体图；(b) 投影图

由上述点的投影规律可知，点的任何两个投影，均可唯一确定点的空间位置。而且，每两个投影之间均具有一定的投影作图规律，因此只要给出点的两个投影，便可求出其第三个投影。

（2）点的投影与直角坐标

如果将三投影面体系看作空间直角坐标系，则 H、V、W 投影面即为坐标面，OX、OY、OZ 投影轴便是坐标轴，O 点即为坐标原点。空间点的位置可以由其三维坐标决定，标记为 A（X，Y，Z），点的 X、Y、Z 坐标反映空间点到投影面的距离，如图 1-40 所示。

A 点的 X 坐标等于点到 W 面的距离，也就是 $X_A = O_{Ax} = aa_Y = a'a_Z = Aa''$。

A 点的 Y 坐标等于点到 V 面的距离，也就是 $Y_A = O_{aY} = aa_X = a''a_Z = Aa'$。

A 点的 Z 坐标等于点到 H 面的距离，也就是 $Z_A = O_{Az} = a'a_X = a''a_Y = Aa$。

由此，得 A 点三个投影的坐标分别为 a（X_A，Y_A），a'（X_A，Z_A），a''（Y_A，Z_A）。

（3）两点的相对位置

1）空间两点相对位置的判断：空间两点的相对位置，可以在投影图中由两点的同面投影（即同一投影面上的投影）来判断。

在投影图中，常用两点对三个投影面的坐标差（或者距离差），来确定两点间的相对位置。如图 1-42 所示，比较 A、B 两点的坐标，B 点在 A 点之左 $X_B - X_A$、在 A 点之前 $Y_B - Y_A$、在 A 点之上 $Z_B - Z_A$，也就是 B 点位于 A 点左方、前方、上方。

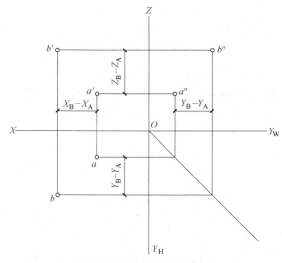

图 1-42　两点的相对位置

2）投影面的重影点：如果两点在对投影面的同一条投射线上，则在该投影面上此两点的投影会互相重合，这两点就称为对该投影面的重影点。重影点有两个坐标值相同，一个坐标值不同。根据投射的方向确定，坐标值大的点为可见点，坐标值小的点则为不可见点。

如图 1-43 所示为一四棱柱，分析指定点的投影得知，A、C 两点的 X、Z 坐标相同，其 V 面投影重合，A、C 两点是对 V 面的重影点。由 H 面投影与 W 面投影均可知

A 点位于 C 点的正前方，即 $Y_A > Y_C$，则 A 点的投影 a' 可见，C 点的投影 c' 不可见。在 V 面投影中，规定不可见点用括号表示，如（c'）；图中 A、B 两点的 X、Y 坐标相同，H 面投影重合；A、D 两点的 Y、Z 坐标相同，W 面的投影重合，其可见性如图 1-43 所示。

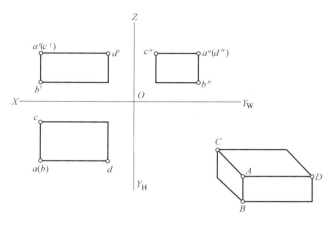

图 1-43　重影点

2. 直线的投影

（1）直线的投影

1）直线投影的两种情况：通常情况下，直线的投影仍为直线。但是，当直线与投射方向一致时，其投影积聚为一点。如图 1-44 所示。

2）直线与投影面的倾角：直线与投影面的倾角是指空间直线与其在该投影面内投影间的夹角，如图 1-45（a）中 α 角。直线与 H、V、W 投影面之间的倾角，分别用 α、β、γ 表示，如图 1-45（b）所示。

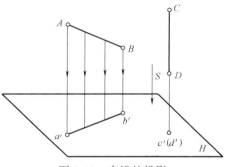

图 1-44　直线的投影

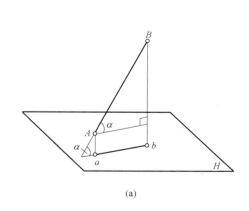

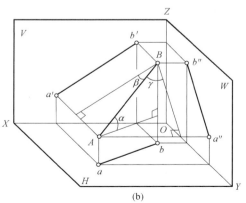

（a）　　　　　　　　　　　　　　　　（b）

图 1-45　直线与投影面的倾角

（a）直线与 H 投影面的倾角；（b）直线与三投影面的倾角

3）直线投影的画法：直线的投影可以由直线上任意两点的同面投影相连获得。如图 1-46（a）所示，首先作出端点 A、B 的三面投影 a、a'、a" 与 b、b'、b"；然后，将其同面投影分别用直线相连，即可得出直线 AB 的三面投影，如图 1-46（b）所示。

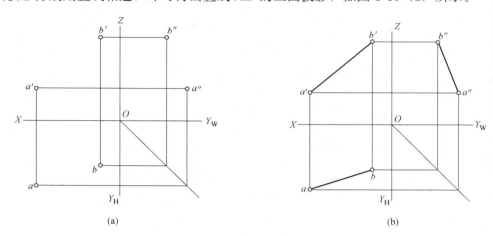

(a)   (b)

图 1-46　直线投影的画法
（a）给出直线上两个点投影；（b）画出直线的投影

（2）各种位置直线及其投影特征

1）空间直线与投影面的相对位置与名称

① 倾斜线：与各个投影面都倾斜的直线。

② 平行线：平行于一个投影面，与另两个投影面倾斜。

③ 垂直线：垂直于一个投影面，与另两个投影面平行。

平行线与垂直线统称为特殊线，倾斜线称为一般线。

2）特殊位置直线的投影特征

① 平行线：平行线中平行 H 面的直线称为水平线；平行 V 面的直线称为正平线；平行 W 面的直线称为侧平线。各种平行线的投影特征见表 1-13。

投影面平行线　　　　　　　　　　　　　　　　　　表 1-13

直线	直观图	投影图	投影特征
水平线			1. 水平投影 ab 反映实长和倾角 β、γ 2. 另两投影面上的投影（a'b'，a"b"）垂直同一投影轴（Z 轴），且小于实长 AB

续表

直线	直观图	投影图	投影特征
正平线			1. 正面投影 $a'b'$ 反映实长和倾角 α、γ 2. 另两投影面上的投影(ab、$a''b''$)垂直同一投影轴(Y 轴),且小于实长 AB
侧平线			1. 侧面投影 $a'b'$ 反映实长和倾角 α、β 2. 另两投影面上的投影(ab、$a'b'$)垂直同一投影轴(X 轴),且小于实长 AB

从表 1-13 中可以归纳出平行线投影特征如下:

a. 平行线在其平行投影面上的投影反映实长,并且投影与投影轴的夹角,即是表示该直线与相应投影面的倾角。

b. 平行线在另外两个投影面上的投影小于实长,但是垂直相应的投影轴。

② 垂直线:垂直线根据其垂直投影面的不同可以分为:铅垂线(垂直于 H 面)、正垂线(垂直于 V 面)和侧垂线(垂直于 W 面)三种。各种垂直线的投影特征见表 1-14。

投影面垂直线   表 1-14

直线	直观图	投影图	投影特征
铅垂线			1. 水平投影积聚成一点 $a(b)$ 2. 另两投影面上的投影($a'b'$、$a''b''$)平行同一投影轴(Z 轴),且等于实长 AB

直线	直观图	投影图	投影特征
正垂线			1. 正面投影积聚成一点 $a'(b')$ 2. 另两投影面上的投影（ab、$a''b''$）平行同一投影轴（Y 轴），且等于实长 AB
侧垂线			1. 侧面投影积聚成一点 $a''(b'')$ 2. 另两投影面上的投影（ab、$a'b'$）平行同一投影轴（X 轴），且等于实长 AB

从表 1-14 中可以归纳出垂直线的投影特征如下：

a. 垂直线在其垂直的投影面上投影具有积聚性。

b. 其余两投影都反映直线实长，并且平行相应的投影轴。

3）倾斜线的投影：从图 1-45（b）和图 1-46（b）中可看出，倾斜线投影特征如下。

① 倾斜线的各个投影都不反映实长，并且比实长缩短。

② 倾斜线的各个投影都与投影轴倾斜，并且都不反映直线与投影面的倾角。

一般位置直线的倾斜状态虽然千变万化，但是直线在空间的走向有两种，如图 1-47（a）、图 1-48（a）所示。

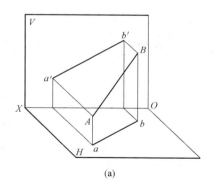

(a)

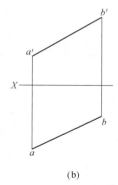

(b)

图 1-47　上行直线

(a) 直观图；(b) 投影图

a. 上行直线：即离开观察者而逐渐升高的直线。即直线上的两端点近观察者的一端点低于另一端点时为上行直线。其投影特征为：正面投影与水平投影同向，如图 1-47（b）所示。

　　b. 下行直线：即离开观察者而逐渐降低的直线。即直线上的两端点近观察者的一端点高于另一端点时为下行直线。其投影特征为：正面投影与水平投影反向，如图 1-48（b）所示。

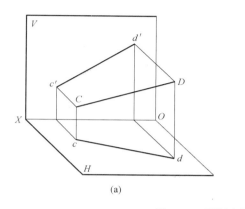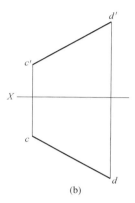

(a)　　　　　　　　　　　　　　　　(b)

图 1-48　下行直线

（a）直观图；（b）投影图

（3）直线上的点

1）直线上点的投影：当点在直线上，则点的投影必然要满足点与直线的从属性与等比性，如图 1-49（a）、（b）所示。

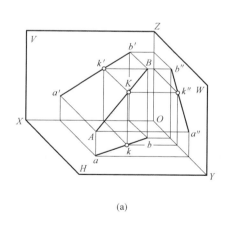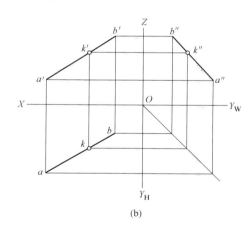

(a)　　　　　　　　　　　　　　　　(b)

图 1-49　直线上的点

（a）立体图；（b）投影图

　　① 点在直线上，则点的各个投影一定在该直线的同面投影上；反之，点的各个投影在直线的同面投影上，那么该点一定在直线上（满足从属性）。

　　② 点分割线段成定比，那么分割线段的各个同面投影之比等于其线段之比（满足等比性）。

　　即：$AK : KB = ak : kb = a'k' : k'b' = a''k'' : k''b''$

2）直线的迹点：直线与投影面的交点称为迹点。其中直线与 H 投影面的交点称为水平迹点，用 M 表示；直线与 V 投影面的交点称为正面迹点，用 N 表示，如图 1-50（a）所示。

迹点的基本特征为：

① 迹点即是直线上的点，因此它的投影在直线的同面投影上。

② 迹点是投影面上的点，因此它在该投影面上的投影与其本身重合，而另一投影则在投影轴上。

根据迹点的基本特征，可以求作已知直线的迹点，如图 1-50（b）、（c）所示。

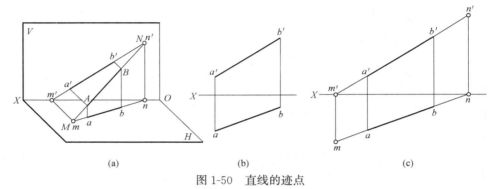

图 1-50　直线的迹点
（a）直观图；（b）已知直线的投影；（c）求直线迹点的投影

（4）两直线的相对位置

空间两直线的相对位置有平行、相交和交叉三种情况，其投影特征分述如下：

1）两直线平行：如图 1-51 所示，如果两直线在空间平行，其各个同面投影一定平行；反之，如果各个同面投影平行，则空间两直线也一定平行。这点可由平行投影特征得出。

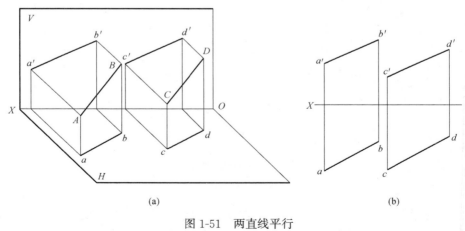

图 1-51　两直线平行
（a）直观图；（b）投影图

2）两直线相交：如果两直线的空间相交，其各个同面投影一定相交，且交点连线必垂直相应投影轴。

如图 1-52 所示，AB、CD 为空间相交的两直线，其交点 K 是两直线的共有点。两直线水平投影 ab、cd 的交点 k 为 K 点的水平投影；两直线正面投影 $a'b'$ 和 $c'd'$ 的交点 k' 为 K 点的正面投影。因为 k、k' 为同一点 K 的两面投影，所以 k 与 k' 的连线一定与其投影轴垂直。

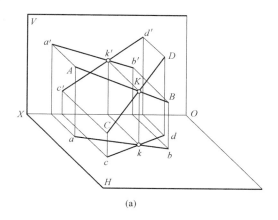
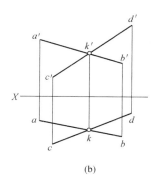

图 1-52 两直线相交

（a）直观图；（b）投影图

反之，如果两直线的各个同面投影相交且交点连线垂直投影轴，则空间两直线一定相交。

3）两直线交叉（或者称异面直线）：空间两直线交叉，其投影既不符合平行线的投影特征，也不符合相交直线的投影特征。

由图 1-53 可知：两直线同面投影可以相交，但是其投影产生的交点不是空间两直线交点的投影，而分别为两直线上两个点的重影。

交叉直线上重影点可见性的判别，主要是根据其坐标的大小判定。如图 1-53（b）中 1、2 两点，因 $1'$ 到 OX 轴的距离大于 $2'$ 到 OX 轴的距离，所以 1 为可见点，2 为不可见点。

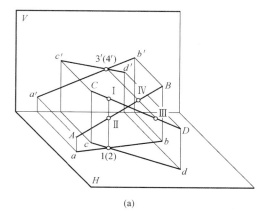
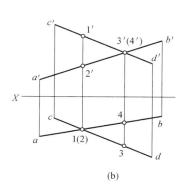

图 1-53 两直线交叉

（a）直观图；（b）投影图

3. 平面的投影

（1）平面的投影

当平面平行于投影面时，投影仍是一平面，形状、大小与平面一致；当平面垂直于投影面时，投影则积聚为一直线；当平面倾斜于投影面时，投影为类似平面形，但是不反映实形，如图 1-54 所示。

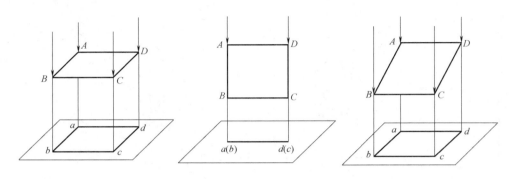

图 1-54　平面的投影

（2）平面与投影面的相对位置

根据平面对投影面的相对位置不同，可以分为三种情况：与三个投影面均倾斜的平面、与任一投影面平行或者垂直的平面（分别称为投影面平行面与投影面垂直面）。前一种称为一般位置平面，后两种则称为特殊位置平面。

1）一般位置平面：空间平面对三个投影面均倾斜，则在三个投影面的投影都为类似平面形，既无法反映实形，也无法反映平面对投影面的真实夹角，如图 1-55 所示。

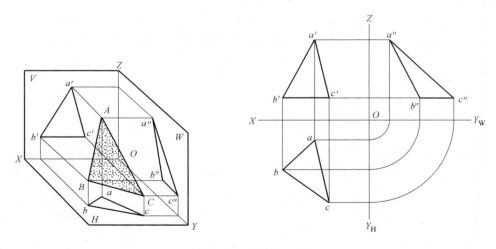

图 1-55　一般位置平面

2）投影面平行面：平面平行于一个投影面，垂直于其他两个投影面，称为投影面平行面。投影面平行面可以分为三种，见表 1-15。

投影面平行面 表 1-15

名称	水平面（平行于 H，垂直于 V、W）	正平面（平行于 V，垂直于 H、W）	侧平面（平行于 W，垂直于 V、H）
直观图			
投影图			
投影特性	在所平行的投影面上的投影反映实形；另外两个投影面上的投影积聚成直线，且分别平行于相应的投影轴		
判别	一框两直线，定是平行面；框在哪个面，平行哪个面（投影面）		

① 水平面：平面平行于 H 面，垂直于 V、W 面。

② 正平面：平面平行于 V 面，垂直于 H、W 面。

③ 侧平面：平面平行于 W 面，垂直于 V、H 面。

下面以水平面为例，说明其投影特性。

平面平行于 H 面，在 H 面投影可以反映实形；垂直于 V、W 面，投影为水平线，分别平行于 OX 轴与 OY_W 轴。

正平面、侧平面的投影特性，读者可自行阅读判断。

3）投影面垂直面：平面垂直于一个投影面，倾斜于其他两个投影面，称为投影面垂直面。投影面垂直面可以分为三种，见表 1-16。

投影面垂直面 表 1-16

名称	铅垂面（垂直于 H，倾斜于 V、W）	正垂面（垂直于 V，倾斜于 H、W）	侧垂面（垂直于 W，倾斜于 V、H）
直观图			

名称	铅垂面(垂直于 H,倾斜于 V、W)	正垂面(垂直于 V,倾斜于 H、W)	侧垂面(垂直于 W,倾斜于 V、H)
投影图	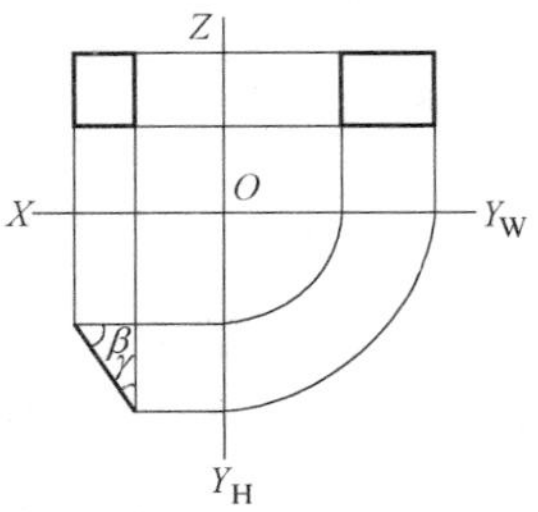	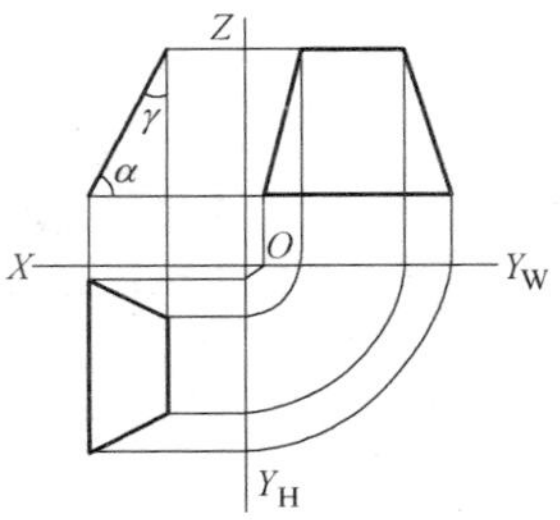	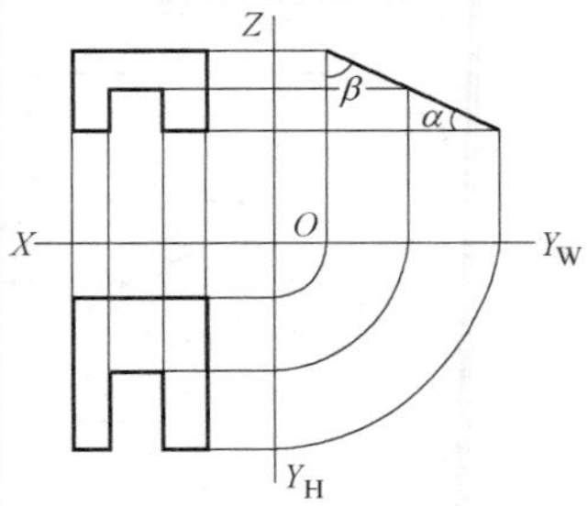
投影特性	在所垂直的投影面上的投影积聚成一斜直线,另外两个投影面上的投影为与该平面类似的封闭线框		
判别	两框一斜线,定是垂直面;斜线在哪面,垂直哪个面(投影面)		

① 铅垂面:平面垂直于 H 面,在 H 面积聚成一直线,在 V、W 面投影为类似平面形,但是形状缩小。

② 正垂面:平面垂直于 V 面,在 V 面积聚成一直线,在 H、W 面投影为类似平面形,但是形状缩小。

③ 侧垂面:平面垂直于 W 面,在 W 面积聚成一直线,在 V、H 面投影为类似平面形,但是形状缩小。

下面以铅垂面为例,说明其投影特性。

平面垂直于 H 面,在 H 面积聚为直线,与水平线的夹角反映了平面对 V 面的夹角 β,与垂直线夹角反映了平面对 W 面的夹角 γ。

正垂面、侧垂面投影特性,读者可自行阅读判断。

1.3.3　形体投影

形体各异的建筑形体均可以看作是由一些简单的几何体组成。为方便研究,根据其表面的形状不同,将基本形体分为平面体与曲面体两种。

建筑形体均是具有三维坐标的实体,任何复杂的实体均可以看成是由一些简单的基本形体组合而成。因此,研究建筑形体的投影,首先应研究组成建筑形体的那些基本形体的投影。常见的基本形体中,平面体主要有棱柱、棱锥、棱台等;曲面体主要有圆柱、圆锥、圆球、圆环等。如图 1-56 所示的柱和基础是由圆柱体、四棱台与四棱柱组成,而图中的台阶是由两个四棱柱与侧面的五棱柱组成。

1. 平面体投影

基本形体的表面是由平面围成的形体称为平面体,也可称为平面几何体。

根据各棱体中各棱线间的相互关系,可分为棱柱体与棱锥体两种 (图 1-57)。棱柱体是各棱线相互平行的几何体,如正方体、长方体及棱柱体等;棱锥体是各棱线或者其延长线交于一点的几何体,如三棱锥、四棱台等。

(1) 棱柱体

棱柱体是指由两个互相平行的多边形平面,其余各面均是四边形,并且每相邻两个四边

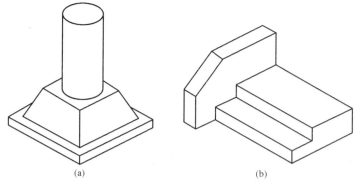

图 1-56 建筑形体

（a）柱与基础；（b）台阶

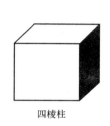

四棱柱

四棱锥

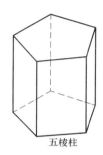

五棱柱

图 1-57 几种常见的平面立体

形的公共边都互相平行的平面围成的形体。常见的棱柱体有三棱柱、五棱柱与六棱柱等。

1）四棱柱。四棱柱又称为长方体，是由前、后、左、右、上、下六个平面构成的，并且相互垂直。对于其投影图，只要按照投影规律画出各个表面的投影，便可得到长方体的投影图。

图 1-58 所示为某长方体的三面投影图。根据长方体在三面投影体系中的位置，底面

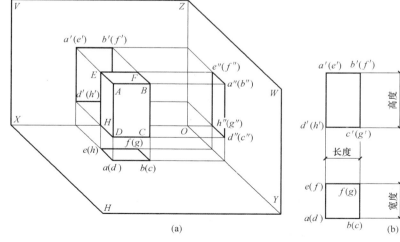

图 1-58 长方体的投影

（a）立体图；（b）投影图

与顶面平行于 H 面，则在 H 面的投影反映实形，且相互重合。前后面、左右面垂直于 H 面，其投影积聚成直线，构成长方形的各条边。

由于前后面平行于 V 面，在 V 面的投影反映实形，并且重合。由于左右侧面平行于 W 面，在 W 面的投影反映实形，且相互重合。而前后面、顶面、底面与 W 面垂直，其投影积聚成直线，构成 W 面四边形各边。

从长方体的三面投影图上可知：正面投影反映长方体长度 L 与高度 H，水平投影反映长方体的长度 L 与宽度 B，侧面反映棱柱体的宽度 B 与高度 H。

长方体形体特征分析：

① 上、下底面是两个全等的正六边形，且为水平面；

② 六个棱面是全等的矩形，与 H 面垂直，前后两个棱面是正平面；

③ 六条棱线相互平行且相等，且垂直于 H 面，其长度等于棱柱的高。

2）五棱柱。正五棱柱的投影如图 1-59 所示。由图可知，在立体图中，正五棱柱的顶面与底面是两个相等的正五边形，均为水平面，其水平投影重合并且反映实形；正面与侧面的投影重影为一条直线，棱柱的五个侧棱面，后棱面为正平面，其正面投影反映实形，水平与侧面投影为一条直线；棱柱的其余四个侧棱面为铅垂面，其水平投影分别重影为一条直线，正面与侧面的投影均为类似形。

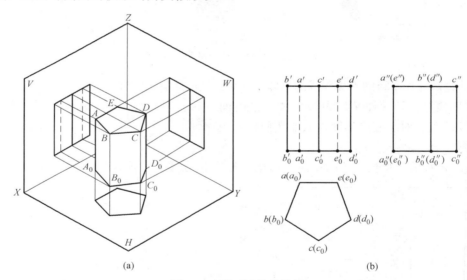

图 1-59　正五棱柱的投影

(a) 立体图；(b) 三视图

五棱柱的侧棱线 AA_0 为铅垂线，水平投影积聚成一点 $a(a_0)$，正面与侧面的投影均反映实长，即 $a'a_0' = a''a_0'' = AA_0$。底面与顶面的边及其他棱线可进行类似分析。

根据分析结果，作图时由于水平面的投影（即平面图）反映了正五棱柱的特征，因此应先画出平面图，再根据三视图的投影规律作出其他两个投影，即正立面图与侧立面图。其作图过程如图 1-60（a）所示。应特别注意的是，在这里加了一个 45°斜线，它是按照点的投影规律作的。也可按照三视图的投影规律，根据方位关系，先找出"长对正，高平齐，宽相等"的对应关系，然后再作图，如图 1-60（b）所示。

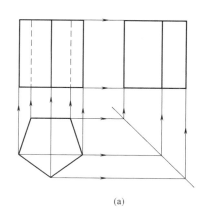 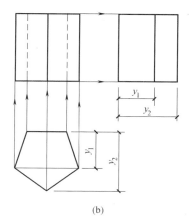

图 1-60　正五棱柱投影的作图过程

(a) 点的规律；(b) 三视图的规律

（2）棱锥体

棱锥由一个底面与若干个三角形的侧棱面围成，并且所有棱面相交于一点，称为锥顶，常记为 S。棱锥相邻两棱面的交线称为棱线，所有的棱线均交于锥顶 S。棱锥底面的形状决定了棱线的数目，例如底面是三角形，则有三条棱线，称为三棱锥（图 1-61）；底面为五边形，则有五条棱线，称为五棱锥。

棱锥与棱柱的区别为侧棱线交于一点，即锥顶，正棱锥的底面为正多边形，顶点在底面的投影在多边形的中心。棱锥体的投影仍是空间一般位置与特殊位置平面投影的集合，其投影规律与方法同平面的投影。

1）正三棱锥。如图 1-61 所示，正三棱锥底面的 H 面投影是正三角形（真形），V、W 两面投影分别积聚成两条水平线；后棱面为侧垂面，所以 W 面投影积聚为一斜线，H 与 V 面投影均是三角形（类似形）；而左右两棱面因为是一般位置平面，所以三面投影均为类似形。

正三棱锥形体特征分析：

① 正三棱锥一共有四个面，因此又可称为四面体，其中底面为水平面。

② 三个棱面是全等的等腰三角形，其中后面的棱面为侧垂面，其他为一般位置平面。

③ 三条棱线交于锥顶，三条棱线的长度相等，其中前面的棱线是侧平线。

2）四棱锥。将正四棱锥体放置于三面投影体系中，使其底面平行于 H 面，且 ab // cd // OX，如图 1-62 所示。根据放置的位置关系，正四棱锥体的底面在 H 面的投影反映实形，锥顶 S 的投影在底面投影的几何中心上，H 面投影中的四个三角形分别是四个

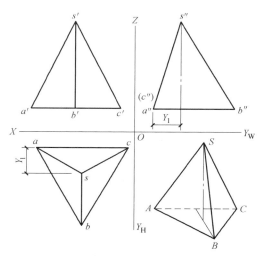

图 1-61　正三棱锥的投影图

锥面的投影。

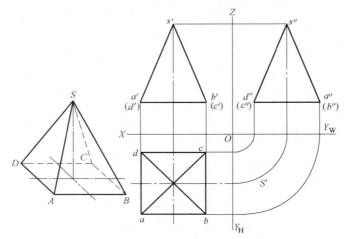

图 1-62 正四棱柱的三面投影

棱锥面△SAB 与 V 面倾斜，在 V 面的投影缩小。△SAB 与△SCD 对称，因此它们的投影相互重合，由于底面与 V 面垂直，其投影是一直线。棱锥面△SAD 和△SBC 与 V 面垂直，投影积聚为一斜线。W 面与 V 面投影方法一样，投影图形相同，只是反映的投影面不同。

（3）棱台体　用平行于棱锥底面的平面切割棱锥之后，底面与截面间剩余的部分称为棱台体。截面与原底面称为棱台的上、下底面，其余各个平面称为棱台的侧面，相邻侧面的公共边称为侧棱，上、下底面间的距离为棱台的高。棱台分别有三棱台、四棱台及五棱台等。图 1-63 所示为四棱台空间位置与投影。

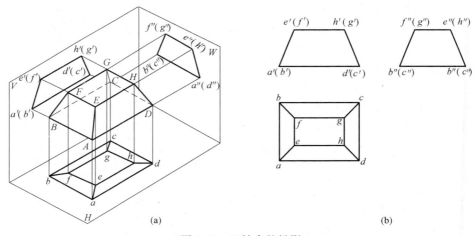

(a)　　　　　　　　　　　　　　　(b)

图 1-63 四棱台的投影
（a）直观图；（b）投影图

2. 曲面体投影

简单曲面体有圆柱、圆锥及球等。由于曲面体的曲面是由直线或者曲线绕定轴回转而成，因此这些曲面体又称为回转体。如图 1-64 所示，图中的固定轴线称为回转轴，动线称为母线。

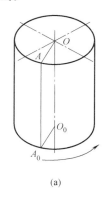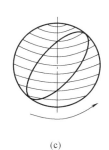

(a)　　　　　　　　　(b)　　　　　　　　　(c)

图 1-64　回转体的形式

(a) 圆柱体；(b) 圆锥体；(c) 圆球体

(1) 圆柱体的投影　圆柱体由圆柱面与两个圆形的底面所围成。

圆柱体的底面与顶面均是水平圆，水平投影反映了该圆的实形，而正面投影则积聚为两根水平线，如图 1-65 所示。圆柱面可以看成由一条直线绕与它平行的轴线旋转而成。圆柱面上与轴线平行的直线称为圆柱面的素线。母线上任意一点的轨迹，即是圆柱面的纬圆。

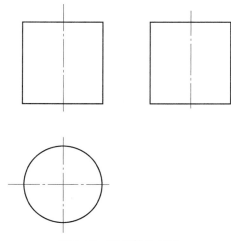

图 1-65　圆柱体的投影

实际上，圆柱面上没有任何线，所有的素线均是想象出来的。侧面投影与正面投影的原理相同。圆柱面为铅垂面，因此其水平投影被积聚成一个圆。

在圆柱体表面上取点，可以利用圆柱表面的积聚性投影来作图。

如图 1-66 (a) 所示，在圆柱体左前方表面上有一点 K，其侧面 k'' 在水平中心线上的半个圆周上。水平投影 k 在矩形的下半边，并且可见。正面投影 k' 也在矩形的上半边，仍可见。

若已知点 K 的正面投影是 k' 如图 1-66 (b) 所示，求其他两投影时，可以利用圆柱的积聚投影，先过 k' 作 OZ 轴的垂线，与侧面投影上半个圆交于 k''，即是点 K 的侧面投影，再利用已知点的两面投影求出点 K 的水平投影 k。

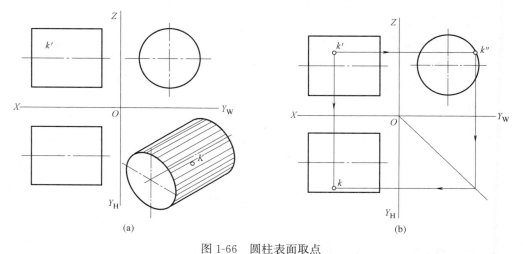

图 1-66　圆柱表面取点
(a) 已知条件；(b) 投影图

（2）圆锥体的投影

圆锥体由圆锥面与底面围成。圆锥体的底面是水平圆，水平投影反映了该圆的实形，侧面是光滑的圆锥面，可看成是无数条相交于顶点的素线组成。正面投影面中的两根斜线是圆锥最左边与最右边的两根素线，称为转向轮廓线。侧面投影面中也有两根转向轮廓线，是圆锥最前面与最后面的两根素线。圆锥体的投影如图 1-67 所示。

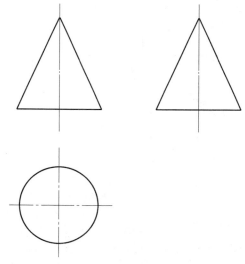

图 1-67　圆锥体的投影

根据圆锥面的形成规律，在圆锥表面上取点有辅助直线法与辅助圆法两种。

1）辅助直线法。图 1-68（b）中，已知圆锥面上 K 点的正面投影 k'，求 K 点的水平投影 k。

作图步骤：在圆锥面上过 K 点与锥顶 S 作辅助直线 SM：先作 $s'm'$，然后求出 sm，

再由 k' 作 k，即 K 点的水平投影 k，如图 1-68 所示。

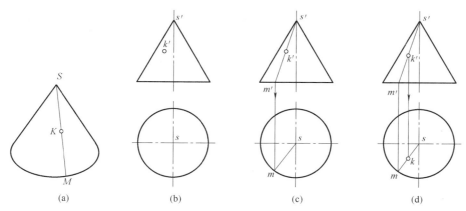

图 1-68　用辅助直线法在圆锥面上取点

(a) 作直线 SM；(b) 已知条件；(c) 作 $s'm'$；(d) 由 k' 作 k

2）辅助圆法。辅助圆法就是在圆锥表面上作垂直圆锥轴线的圆，使该圆的一个投影反映圆的实形，而其他投影为直线。图 1-69（b）中，已知圆锥表面上 K 点的正面投影 k'，求 K 点的水平投影 k。

作图步骤：在圆锥表面上作一圆，过 k' 点作水平直线，然后作圆的水平投影，再由 k' 做出 k，即为 K 点的水平投影 k，如图 1-69 所示。

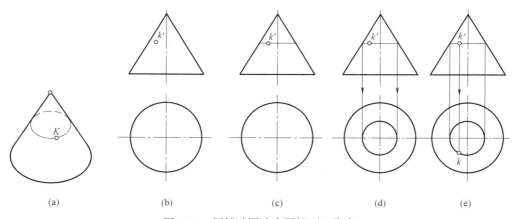

图 1-69　用辅助圆法在圆锥面上取点

（a）作点 K；（b）已知条件；（c）过 k' 点作水平直线；（d）作圆的水平投影；（e）由 k' 做出 k

（3）圆球体的投影

圆球体由一个圆球面组成，球体是圆绕其轴线旋转一周而形成的。圆周上每一个点的运动轨迹均是一个圆，这些圆称为纬圆。其实，圆柱与圆锥的表面上也存在无数连续的纬圆，它们均是回转体。

如图 1-70 所示，圆球体可以看成由一条半圆曲线绕与它的直径作为轴线的 OO_0 旋转而成。母线、素线与纬圆的意义均是一样的。

球体从任何方向看均是圆，所以球的三面投影都是圆，如图 1-71 所示，但是三个圆的意义不同，水平投影上的圆代表从上至下最大的一个纬圆的投影，正面投影上的圆代表从前到后最大的一个纬圆的投影，侧面投影上的圆则代表从左至右最大的一个纬圆的投影。用任意一个平面去切割球体，都能获得一个圆。

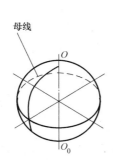

图 1-70　圆球体的形成

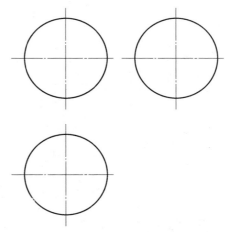

图 1-71　球体的投影

在圆球表面上取点，可以利用平行于任一投影面的辅助圆作图。

图 1-72 中，已知圆球表面上一点 K 的正面投影 (k')，求 k 与 k''。

作图步骤为：首先，在正面投影中，过 (k') 作水平直线 $m'n'$（圆的正面投影）；然后，在水平投影中以 o 为圆心，$m'n'$ 为直径画圆，在此圆上作 k；最后，由 k 与 (k') 即可作出 k''。

（4）圆环的投影

以圆周为母线，绕位于圆周所在的平面内、并且不与圆周相交或者相切的轴线旋转一周，形成的回转面称为环面，如图 1-73 所示。

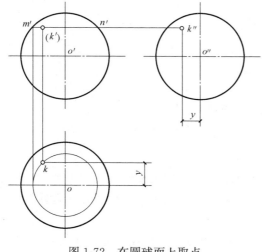

图 1-72　在圆球面上取点

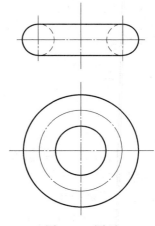

图 1-73　圆环

环体的投影相对比较复杂，水平投影只能看到上面的一半，正面投影只能看到前面的一半的外圈，其余都不可见，侧面投影也一样。

由于圆周上每一个点旋转一周后均是一个圆，因此水平投影可以看成是无数的圆组成的，但是只能看到两个圆，也可以将其看成是两个转向轮廓圆。

1.3.4 组合体投影

1. 组合体的组成方式
组合体按照其组成方式，可以分为叠加、切割与混合三种类型。

（1）叠加型

各基本体之间用堆积与叠加的方式构成组合体，如图 1-74（a）所示的物体可以看成由两个四棱柱和一个三棱柱叠加而成的。

（2）切割型

从一个基本体中挖出或切出另一基本体或其一部分构成的组合体，如图 1-74（b）所示的物体可看成是由一四棱柱切去一圆柱与三棱柱形成的。

（3）混合型

组合体的构成方式中，既有叠加又有切割，称为混合型，如图 1-74（c）所示。

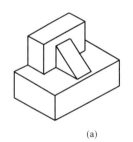 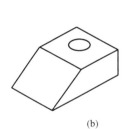 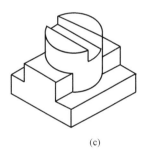

(a)   (b)   (c)

图 1-74 组合体的组成方式
(a) 叠加；(b) 切割；(c) 混合

2. 组合体表面间的相对位置
组合体表面间的相对位置主要有以下几种情况：

（1）平齐与不平齐

1）当组合体上两基本形体的表面不平齐时，在图内应有线隔开。如图 1-75 所示的机座模型，它是由带圆孔的长方体与长方体底板叠加而成的，其分界处画图时应该有线隔开成两个线框，如图 1-75（c）所示。若中间漏线，如图 1-75（b）所示，就成为一个连续表面，因此是错误的。

2）当组合体两基本形体的表面平齐时，中间不应该有线隔开，图 1-76（a）所示两个基本形体的前、后表面是平齐的，成为一个完整的平面，这样便不存在分界线。因此，图 1-76（b）中 V 投影（主视图）多画了图线，是错误的。

（2）相切

当组合体上两基本体之间为表面相切时，在相切处为光滑过渡，无分界线，所以不画线，如图 1-77 所示。

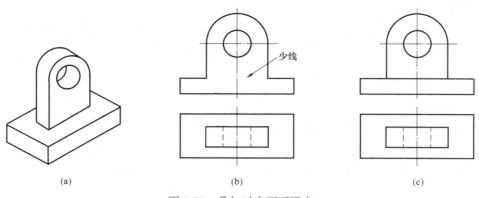

图 1-75　叠加时表面不平齐
（a）立体图；（b）错误的投影图；（c）正确的投影图

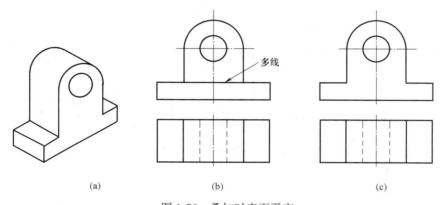

图 1-76　叠加时表面平齐
（a）立体图；（b）错误的投影图；（c）正确的投影图

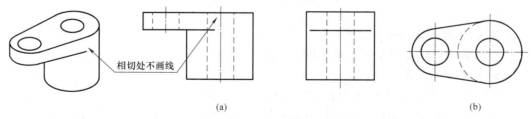

图 1-77　立体图相切时的画法
（a）立体图；（b）投影图

3. 组合体投影图的识读

（1）读图的基本知识

1）明确投影图中线条与线框的含义。看图时根据正投影法原理，正确分析投影图中各种图线与线框的含义，这里的线框指的是投影图中由图线围成的封闭图形。

① 投影图中的点，可能是一个点的投影，也可能是一条直线的投影。

② 投影图中的线（包括直线与曲线），可能是一条线的投影，也可能是一个具有积聚

性投影的面的投影。如图 1-78（a）中的 2 表示的是半圆柱面与四边形平面的交线，1 表示的是半圆孔的积聚性投影，3 表示的是正平面图形，5 表示的是一个半圆孔面。

③ 投影中的封闭线框，可能是一个平面或是一个曲面的投影，也可能是一个平面与一个曲面构成的光滑过渡面，如图 1-78（b）中 4 表示的是一个四边形水平面，6 表示的是圆弧面与四边形构成的光滑过渡面。

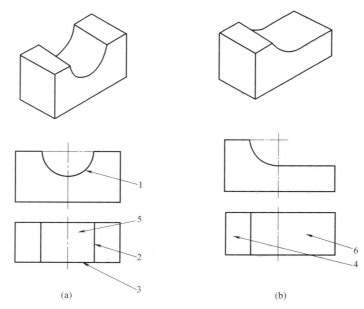

图 1-78　组合体中的图线和线框
(a) 投影图中的线；(b) 投影中的封闭线框

④ 封闭线框中的封闭线框，可能是凸出来或者凹进去的一个面或者是穿了一个通孔，要注意区分它们之间的前后高低或相交等的相互位置关系。如图 1-79 所示小的封闭线框，在图 1-79（a）表示凹进去的一个平面；在图 1-79（b）所示的是凸出来的一个平面；在图 1-79（c）中则表示的是穿了一个通孔。

2）看图的注意要点

① 要将几个投影联系起来看。一般一个投影不能确定形体的形状和相邻表面之间的相互位置关系，如图 1-80 所示中的 H 投影均相同，但是表示的不是同一个形体。有时，两个投影也不能确定唯一一个形体，如图 1-80 所示中的 H 投影与 V 投影均相同，但是 W 投影不同，则表达的形体不相同。由此可见，必须将几个投影联系起来看，反复对照，切忌只看了一个投影就妄下结论。

② 要从反映形状特征的投影开始看起。看图时通常从 V 投影看起，了解形体的大部分特征，这样，识别形体就相对容易了。根据正投影规律，弄清楚各投影之间的投影关系，将几个投影结合起来，便能识别形体的具体形状。

（2）读图方法和步骤

读图的基本方法可以概括为形体分析法与线面分析法两种。

1）形体分析法：在一组视图中，根据形状特征相对明显的视图，将其分为若干基本

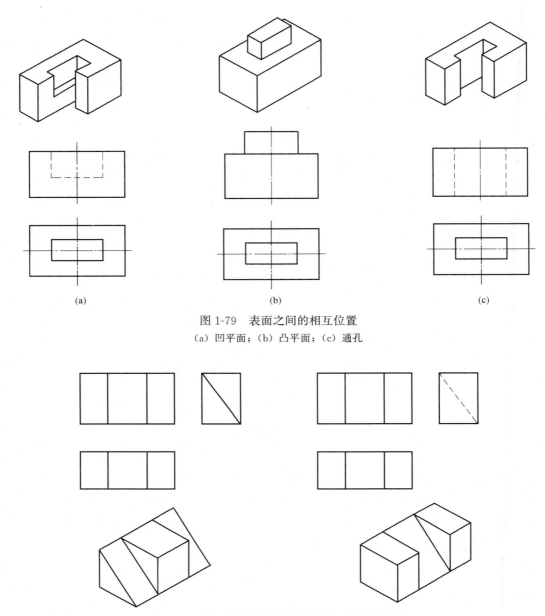

图 1-79　表面之间的相互位置
（a）凹平面；（b）凸平面；（c）通孔

图 1-80　两个投影不能确切表示某一组合体举例

体，并且想象出各部分的形状，然后按它们的相互位置，综合想象出整体，这种方法称为形体分析法。

2）线面分析法：线面分析法是以线、面的投影规律为基础，根据形体视图中的某些棱线与线框，分析它们的形状与相互位置，从而想象出它们围成部分的形状。这种分析法常在形体分析法读图感到相对困难时采用，以帮助想象形体的整体形状。

利用线面分析法读图，必须掌握视图中每条图线及每个线框的含义。

图线一般表示为投影有积聚性的平面、面与面的交线以及曲面体的轮廓条件，如图 1-81（a）所示。

线框通常表示为一个投影为实形或者类似形的平面、一个曲面、形体上一个孔洞或者坑槽，如图 1-81（b）所示。

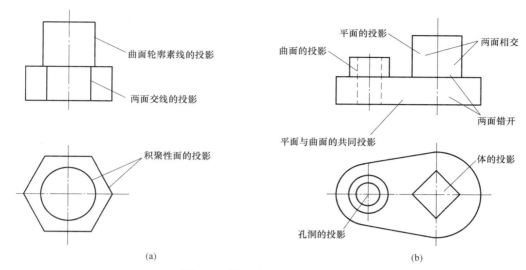

图 1-81 视图中线和线框的含义
（a）线的含义；（b）线框的含义

1.3.5 轴测投影

1. 轴测投影的基本概念

（1）轴测投影的形成

根据平行投影的原理，将形体连同确定其空间位置的三条坐标轴 OX、OY、OZ 一起沿着不平行于这三条坐标轴的方向，投影至新投影面 P 上，所获得的投影称为轴测投影。

（2）轴测投影的有关术语

1）轴测投影面。在轴测投影中，投影面 P 称为轴测投影面。

2）轴测轴。三条坐标轴 OX、OY、OZ 的轴测投影 O_1X_1、O_1Y_1、O_1Z_1，称为轴测轴。画图时，规定将 O_1Z_1 轴画成竖直方向。

3）轴间角。轴测轴之间的夹角，即 $\angle X_1O_1Z_1$、$\angle X_1O_1Y_1$、$\angle Y_1O_1Z_1$，称为轴间角。

4）轴向变形系数。轴测轴上某段与它在空间直角坐标轴上的实长之比，称为轴向变形系数。即 $p=O_1A_1/OA$，称 OX 轴向变形数；$q=O_1B_1/OB$，称 OY 轴向变形数；$r=O_1C_1/OC$，称 OZ 轴向变形系数。轴间角与轴向变形系数决定轴测图的形状与大小，是画轴测投影图的基本参数。

（3）轴测投影的分类

根据投影方向与轴测投影面的相对位置，可以分为两大类：

1）正轴测投影。当轴测投射方向垂直于轴测投影面 P 时，获得的轴测投影称为正轴测投影。

2）斜轴测投影。当轴测投射方向倾斜于轴测投影面 P 时，获得的轴测投影称为斜轴测投影。

根据轴向变形系数是否相等，两类轴测图又可分为三种：

① 正（或斜）等轴测图（$p＝g＝r$）。

② 正（或斜）二轴测图（$p＝q≠r$ 或 $p＝r≠q$ 或 $p≠q＝r$）。

③ 正（或斜）三轴测图（$p≠q≠r$）。

上述类型中，由于三轴测投影作图相对比较烦琐，因此很少采用。这里，仅介绍常用的正等轴测图、正面斜二轴测图的画法。

（4）轴测投影的特性

1）直线的轴测投影通常仍为直线；互相平行的直线其轴测投影仍互相平行；直线的分段比例在轴测投影中保持不变。

2）与坐标轴平行的直线，轴测投影后其长度可以沿轴量取；与坐标轴不平行的直线，轴测投影后便不可沿轴量取，只能首先确定两端点，然后再画出该直线。

（5）轴测投影图的画法

1）进行形体分析且在形体上确定直角坐标系，坐标原点一般设于形体的角点或者对称中心上。

2）选择轴测图的种类与合适的投影方向，确定轴测轴以及轴向变形系数。

3）根据形体特征选择合适的作图方法，常用的作图方法包括：坐标法、叠加法、切割法及网格法等。

① 坐标法。利用形体上各顶点的坐标值画出轴测图的方法。

② 叠加法。先将形体分解成基本形体，再逐一画出每一基本形体的方法。

③ 切割法。先将形体看成是一个长方体，再逐一画出截面的方法。

④ 网格法。对于曲面立体先找出曲线上的特殊点，过这些点作平行于坐标轴的网格线，获得这些点的坐标值，然后将这些点连接起来的方法。

4）画底稿，并且检查底稿加深图线。

2. 正等轴测图

投射方向垂直于轴测投影面，且参考坐标系的三根坐标轴对投影面的倾斜角均相等，在这种情况下画出的轴测图称为正等轴测图，简称正等测。

（1）正等轴测图的画图参数

可以证明，正等轴测图的轴间角均相等，即 $∠X_1O_1Z_1＝∠X_1O_1Y_1＝∠Y_1O_1Z_1＝120°$，各轴向变形系数 $p＝q＝r≈0.82$。为作图简便，习惯上简化为1，即 $p＝q＝r＝1$。作图时，可直接按形体的实际尺寸量取。这种简化了轴向变形系数的轴测投影比实际的轴测投影放大了1.22倍，如图1-82所示为正四棱柱的正等轴测图。

（2）基本立体正等轴测图画法

1）正六棱柱

① 分析。如图1-83所示，正六棱柱的前后、左右对称，将坐标原点定在上底面六边形的中心，以六边形的中心线为 X_0 轴与 Y_0 轴。这样便于直接做出上底面六边形各顶点的坐标，从上底面开始作图。

② 作图：

a. 定出坐标原点以及坐标轴，如图1-83（a）所示。

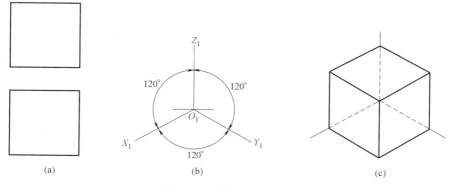

图 1-82 正等轴测投影图

（a）正四棱柱投影图；（b）画轴测轴；（c）$p=q=r\approx0.82$

b. 画出轴测轴 OX、OY，由于 a_0、d_0 在 X_0 轴上，可以直接量取并且在轴测轴上做出 a、d。根据顶点 b_0 的坐标值 X_b 与 Y_b，定出其轴测投影 b，如图 1-83（b）所示。

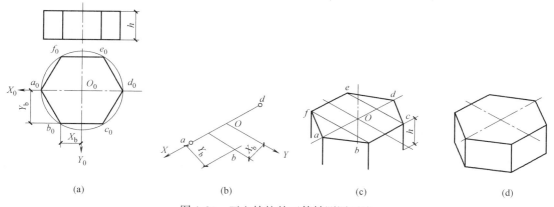

图 1-83 正六棱柱的正等轴测图画法

（a）步骤一；（b）步骤二；（c）步骤三；（d）步骤四

2）圆柱

① 分析。如图 1-84 所示，直立圆柱的轴线垂直于水平面，上、下底为两个与水平面平行且大小相同的圆，在轴测图中均为椭圆。可以根据圆的直径与柱高做出两个形状、大小相同而中心距为 h 的椭圆，然后作两椭圆的公切线即可。

② 作图：

a. 作圆柱上底圆的外切正方形，得到切点 a_0、b_0、c_0、d_0，定坐标原点与坐标轴，如图 1-84（a）所示。

b. 作轴测轴与四个切点 a、b、c、d，过四点分别作 X、Y 轴的平行线，得到外切正方形的轴测菱形，如图 1-84（b）所示。

c. 过菱形顶点 1、2，连接 $1c$ 与 $2b$ 得交点 3，连接 $2a$ 与 $1d$ 得交点 4。1、2、3、4 各点即为作近似椭圆四段圆弧的圆心。以 1、2 为圆心，$1c$ 为半径作圆弧；以 3、4 为圆心，$3b$ 为半径作圆弧，即是圆柱上底的轴测椭圆。把椭圆的四个圆心 1、2、3、4 沿 z 轴平移高度 h，作出下底椭圆（下底椭圆看不见的一段圆弧不需画出），如图 1-84（c）

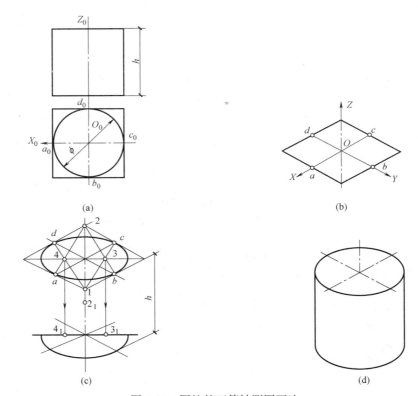

图 1-84　圆柱的正等轴测图画法

（a）作底圆的外切正方形；（b）作轴测轴和切点；（c）做出下底椭圆；（d）作椭圆的公切线

所示。

d. 作椭圆的公切线，擦去作图线，描深，如图 1-84（d）所示。

（3）组合体正等轴测图画法

如图 1-85（a）所示，采用切割法绘制其正等轴测图。

1）分析。对于图 1-85（a）所示的形体，可以采用切割法作图。将形体看成是一个由长方体被正垂面切去一块，然后再由铅垂面切去一角而形成。对于截切之后的斜面上与三根坐标轴均不平行的线段，在轴测图上不能直接从正投影图中量取，必须按照坐标作出其端点，然后再连线。

2）作图：

① 定坐标原点以及坐标轴，如图 1-85（a）所示。

② 根据给出的尺寸 a、b、h 做出长方体的轴测图，如图 1-85（b）所示。

③ 倾斜线上不能直接量取尺寸，只可沿与轴测轴相平行的对应棱线量取 c、d，定出斜面上线段端点的位置，并且连成平行四边形，如图 1-85（c）所示。

④ 根据给出的尺寸 e、f，定出左下角斜面上线段端点的位置，并且连成四边形。擦去作图线，描深，如图 1-85（d）所示。

3. 正面斜二轴测图

正面斜二轴测图是斜二轴测图的一种。它比较适合于正平面形状较复杂或者具有圆与

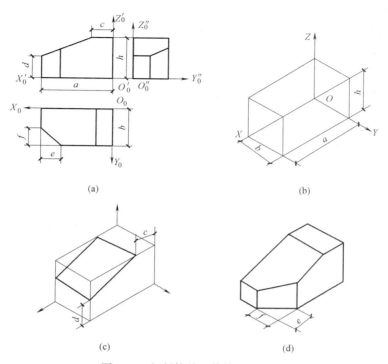

图 1-85　切割体的正等轴测图画法

（a）定坐标原点及坐标轴；（b）做出长方体的轴测图；
（c）定出斜面上线段端点的位置，连成平行四边形；（d）定出左下角斜面上线段端点的位置，连成四边形

曲线时的形体。

正面斜二轴测图的轴测投影面 P（用 V 面代替）平行于一个坐标面，投射方向倾斜于轴测投影面，如图 1-86 所示。

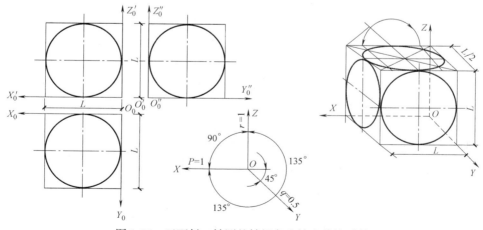

图 1-86　正面斜二轴测的轴间角和轴向伸缩系数

（1）轴间角与轴向伸缩系数

由于 $X_0O_0Z_0$ 坐标面平行于 V 面，其正面斜轴测投影反映实形，因此轴测轴 OX、

OZ 分别是水平方向和铅垂方向，轴间角 $\angle XOZ = 90°$，轴向伸缩系数 $p = q = 1$。OY 轴的轴变形系数与轴间角间无依从关系，可以任意选择。一般选择 OY 轴与水平方向成 $45°$，$q = 0.5$ 作图较为方便，通常适用于正立面形状较为复杂的形体。

（2）正面斜二轴测图画法

以图 1-87 所示立体说明正面斜二轴测图的画法。

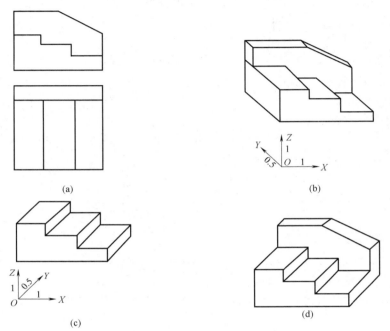

图 1-87　台阶的正面斜二轴测图画法

(a) 已知条件；(b) 确定投射方向；(c) 作图步骤一；(d) 作图步骤二

1) 分析在正面斜二轴测图中，轴测轴 OX、OZ 分别为水平线与铅垂线，OY 轴根据投射方向确定。若选择由右向左投射，如图 1-87 (b) 所示，台阶的某些表面被遮或者显示不清楚；而选择由左向右投射，台阶的每个表面均能表示清楚，如图 1-87 (c) 所示。

2) 作图步骤如图 1-87 (c)、(d) 所示，画轴测轴 OX、OZ、OY，然后画出台阶的正面投影实形，过各个顶点作 OY 轴平行线，并且量取实长的一半（$q = 0.5$）画台阶的轴测图，然后再画出矮墙的轴测图。

（3）圆的斜二测投影（八点法）

正面斜二轴测投影是与正立面（XOZ 坐标面）平行的，因此正平圆的轴测投影仍然是圆，而水平圆与侧平圆的轴测投影则为椭圆。作椭圆时，可以借助于圆的外接正方形的轴测投影，定出属于椭圆上的八个点。

如图 1-88 所示，首先作平行四边形 $ABCD$ 的对角线，得到交点 O。过 O 点作两直线分别平行 AB、BC，得到交点 1、2、3、4，即圆与外切正方形的四个切点。过 B、2 两点作 $45°$ 线交于 M，以 2 为圆心，$2M$ 为半径画圆弧，并且与 AB 相交得到两个交点 F、G，过这两个交点作线平行于 BC，与对角线相交于 5、6、7、8。将此八个点用平滑曲线连接起来，即为所求椭圆。

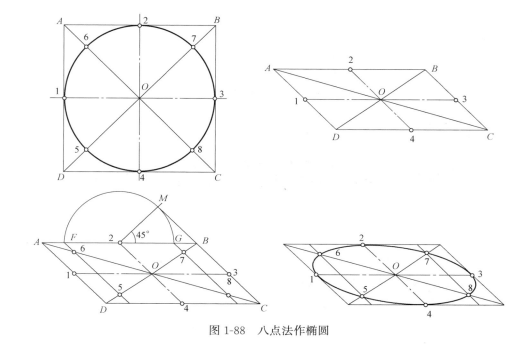

图 1-88 八点法作椭圆

2

建筑装饰装修施工图识图诀窍

2.1 建筑装饰装修平面图识图

2.1.1 建筑装饰装修平面图的组成

建筑装饰装修平面图是装饰装修施工图的首要图纸，其他图样大多数以平面图为依据而设计绘制。装饰装修平面图包括装饰装修平面布置图与顶棚平面图两种。

装饰装修平面布置图是指假想用一个水平的剖切平面，在窗台上方位的置，将经过内外装饰的房屋整个剖开，移去以上部分向下所做的水平投影图。其作用主要是用来表明建筑室内外种种装饰布置的平面形状、位置、大小以及所用材料；表明这些布置与建筑主体结构间，以及这些布置与布置间的相互关系等。

顶棚平面图主要有两种形成方法：其中一种是假想房屋水平剖开后，移去下面的部分向上所作直接正投影而形成；另一种则是采用镜像投影法，将地面看作镜面，对镜中顶棚的形象作正投影而成。顶棚平面图主要采用镜像投影法来绘制。顶棚平面图的作用主要是用来表明顶棚装饰的平面形式、尺寸和材料，以及灯具和其他各种室内顶部设施的位置和大小等。

装饰装修平面布置图和顶棚平面图都是建筑装饰施工放样、制作安装、预算和备料，以及绘制室内有关设备施工图的重要依据。以上两种平面图，其中以平面布置图的内容特别繁杂，加上它控制了水平向纵横两轴的尺寸数据，其他视图大多数又由它引出，所以是我们阅读建筑装饰装修施工图的基础与重点。

2.1.2 建筑装饰装修平面图的图示方法

平面图上的内容是通过图线来表达的，其图示方法主要有以下几种：

1. 被剖切的断面轮廓线

被剖切的断面轮廓线通常用粗实线来表示。在可能情况下，被剖切的断面内应画出材料图例，常用的比例是 1：100 和 1：200。墙、柱断面内留空面积不大，画材料图较为困难，可以不画或在描图纸背面涂红；钢筋混凝土的墙、柱断面可用涂黑来表示。

2. 未被剖切图像的轮廓线

未被剖切图像的轮廓线，即形体的顶面正投影，如楼地面、窗台、家电、家具陈设、卫生设备、厨房设备等的轮廓线，实际上与断面有相对高差，可用中实线表示。

3. 纵、横定位轴线

纵横定位轴线用来控制平面图的图像位置，用单点长画线表示，其端部用细实线画圆圈，用来写定位轴线的编号，起主要承重作用的墙、柱部位一般都设定位轴线，非承重次要墙、柱部位可另设附加定位轴线，平面图上横向定位轴线编号用阿拉伯数字自左至右按顺序编写，纵向定位轴线编号用大写的拉丁字母自上而下按顺序编写。其中，O、I、Z 三个字母不得用做轴线编号，以免分别与 0、1、2 三个数字混淆。

4. 尺寸标注

平面图上的尺寸标注一般分布在图形的内外，凡上下、左右对称的平面图，外部尺寸指标注在图形的下方与左侧；不对称的平面图，则根据具体情况而定，有时甚至图形的四周都要标注尺寸。

平面尺寸分为总尺寸、定位尺寸和细部尺寸三种。

总尺寸是指建筑物的外轮廓尺寸，是若干定位尺寸之和。

定位尺寸是指轴线尺寸，是建筑物构配件（如墙体、门、窗、洞口、洁具等）相对于轴线或其他构配件，用以确定位置的尺寸。

细部尺寸是指建筑物构配件的详细尺寸。

5. 平面图上的符号、图例

平面图上的符号、图例用细实线表示，门窗符号在平面图上出现较多，门的代号为 M，门具有供人们内外交通、采光、通风、隔热、保温及防盗的功能，窗的代号为 C，它具有采光、眺望、隔声、保温及防盗的功能。

6. 楼梯

楼梯在平面图上的表示随层不同，底层楼梯只能表现下段可见的踏步面与扶手，在剖切处用折断线表示，以上梯段则不用表示出来了，在楼梯起步处用细实线加箭头表示上楼方向，并标注"上"字，中间层楼梯应表示上、下梯段踏步面与扶手，用折断线区别上、下梯段的分界线，并在楼梯口用细实线加箭头画出各自的走向和"上""下"的标注，顶层楼梯应表示出自顶层至下一层的可见踏步面与扶手，在楼梯口用细实线加箭头表示下楼的走向，并标注"下"字，也可在与楼梯相关的中间平台标注标高。

2.1.3 建筑装饰装修平面图的内容

装饰装修平面图一般包括以下几方面的内容：

1) 表明装饰工程空间的平面形状和尺寸。建筑物在装饰装修平面图中的平面尺寸分为三个层次，即工程所涉及的主体结构或建筑空间的外包尺寸、各房间或建筑装修分隔空间的设计平面尺寸、装修局部及工程增设装置的相应设计平面尺寸。对于较大规模的装饰工程平面图，为了与主体结构明确对照以利于审图和阅读，尚需标出建筑物的轴线编号及其尺寸关系，甚至标出建筑柱位编号。

2）表明装饰装修工程项目在建筑空间内的平面位置，及其与建筑结构的相互尺寸关系；表明装饰装修工程项目的具体平面轮廓和设计尺寸。

3）表明建筑楼地面装饰材料、拼花图案、装修作法和工艺要求。

4）表明各种装置设置和固定式家具的安装位置，表明它们与建筑结构的相互关系尺寸，并说明其数量、材质和制造（或商用成品）要求。为进一步展示装修平面设计的合理性和适用性，设计者大多在平面图上画出活动式家具、装饰陈设及绿化点缀等。它们同工程施工并无直接关系，但对于甲方和施工人员可提供有益的启示，便于对功能空间的理解和辨识。

5）表明与该平面图密切相关各立面图的视图投影关系和视图的位置及编号。

6）表明各剖面图的剖切位置、详图及通用配件等的位置和编号。

7）表明各种房间或装饰分隔空间的平面形式、位置和使用功能；表明走道、楼梯、防火通道、安全门、防火门或其他流动空间的位置和尺寸。

8）表明门、窗的位置尺寸和开启方向。

9）表明台阶、水池、组景、踏步、雨篷、阳台及绿化等设施和装饰小品的平面轮廓与位置尺寸。

2.1.4　建筑装饰装修平面图的识图要点

1. 建筑装饰装修平面布置图的识图要点

1）看装饰装修平面布置图应先看图名、比例及标题栏，认定该图是什么平面图。再看建筑平面基本结构及其尺寸，将各个房间的名称、面积，及门窗、楼梯及走廊等的主要位置和尺寸了弄清楚。然后，看建筑平面结构内的装饰结构与装饰设置的平面布置等内容。

2）通过对各房间和其他空间主要功能的了解，明确为满足功能要求所设置的设备与设施的种类、规格与数量，以便制定相关的购买计划。

3）通过图中对装饰面的文字说明，了解各装饰面对材料规格、品种、色彩以及工艺制作的要求，明确各装饰面的结构材料与饰面材料的衔接关系与固定方式，并且结合面积作材料计划与施工安排计划。

4）面对众多的尺寸，应注意区分建筑尺寸与装饰尺寸。在装饰尺寸中，又要能分清其中的定位尺寸、外形尺寸及结构尺寸。确定装饰面或者装饰物在平面布置图上位置的尺寸，即为定位尺寸。在平面图上，需要有两个定位尺寸来确定一个装饰物的平面位置，其基准一般是建筑结构面。外形尺寸是装饰面或装饰物的外轮廓尺寸，由此可以确定装饰面或装饰物的平面形状与大小。结构尺寸是指组成装饰面和装饰物各构件及其相互关系的尺寸，由此可以确定各种装饰材料的规格，以及材料间、材料与主体结构间的连接固定方法。平面布置图上为了避免重复，同样的尺寸常常只代表性地标注一个，读图时要注意将相同的构件或部件进行归类。

5）通过平面布置图上的投影符号，明确投影面编号与投影方向，并且查出各投影方向的立面图。

6）通过平面布置图上的剖切符号，明确剖切位置及其剖视方向，并且进一步查阅相应的剖面图。

7）通过平面布置图上的索引符号，明确被索引部位及详图所在的位置。

现以图 2-1 为例，说明某招待所平面布置图的读图方法和步骤。

该图为招待所④～⑯轴底层平面布置图，其比例为 1∶50。

图中④～⑥轴前面是门厅和总服务台，后面是楼梯、洗手间与卫生间；⑥～⑩轴前面是小餐厅，后面是大餐厅；⑪～⑯轴前面是厨房，后面是招待所办公室。

门厅的开间为 6.60m，进深为 5.40m；总服务台和洗手间的开间为 3.60m，进深为 2.10m；大餐厅的开间为 7.00m，进深为 8.10m，右前方向右拐进是进出厨房的过道；小餐厅开间为 5.60m，进深为 3.00m。以上几个空间是底层室内装修的重点。

④～⑯轴地面（包括门廊地面），除卫生间外均为中国红磨光花岗石石板贴面，标高为±0.000，门厅中央有一完整的花岗石石板地面拼花图案。主入口左侧是一厚玻璃墙，门廊有两个装饰圆柱，直径为 0.60m。

2. 顶棚平面图的识图要点

1）首先，要弄清楚顶棚平面图与平面布置图各部分的相互对应关系，核对顶棚平面图与平面布置图在基本结构与尺寸是否相符。

2）对于某些有选级变化的顶棚，应当分清它的标高尺寸和线型尺寸，并结合造型平面的分区线，在平面上建立起二维空间尺度概念。

3）通过顶棚平面图，了解顶部所用灯具和设备设施的规格、品种与数量。

4）通过顶棚平面图上的索引符号，找出详图对照，弄清楚顶棚的详细构造。

5）通过顶棚平面图上的文字标注，了解顶棚所用材料的规格、品种及其施工要求。

现以图 2-2 为例，说明某招待所顶棚平面图的读图方法和步骤。

该图是④～⑯轴底层顶棚平面图，其比例为 1∶50。与图 2-1 轴位相同、比例相同。门廊的顶棚有三个跌级，标高分别为 3.560m、3.040m 和 2.800m，跌级之间有两个大小不同的 1/4 圆，均为不锈钢片饰面。

门厅为顶棚有两个跌级，标高分别为 3.050m 和 3.100m，中间是车边镜，用不锈钢片包边收口，四周是 TK 板，采用宫粉色水性立邦漆饰面（文字说明标注在大餐厅）。

总服务台前上部为一下落顶棚，标高为 2.400m，采用磨砂玻璃面层内藏日光灯。服务台内顶棚标高为 2.600m，材料和作法同大餐厅。

大餐厅顶棚有两个跌级并带有内藏灯槽（细虚线所示），中间贴淡西班牙红金属壁纸，用石膏顶纹线压边。二级标高分别为 2.900m 和 3.200m，所用结构材料和饰面材料用引出线于右上角注出。小餐厅为一级平顶，标高为 2.800m，利用石膏顶纹线和角花装饰出两个四方形，墙和顶棚之间利用石膏阴角线收口。

门厅中央是六盏方罩吸顶灯组合，大餐厅中央是水晶灯，小餐厅在两个方格中装红花罩灯，办公室、洗手间为隔栅灯，厨房为日光灯，其余均为筒形吸顶灯。具体规格、品名（代号）、安装位置和数量，图中均已表明。顶棚平面图上还有窗帘盒的平面形状和窗帘符号，窗帘的形式、材质、色彩在有关立面图中表明。

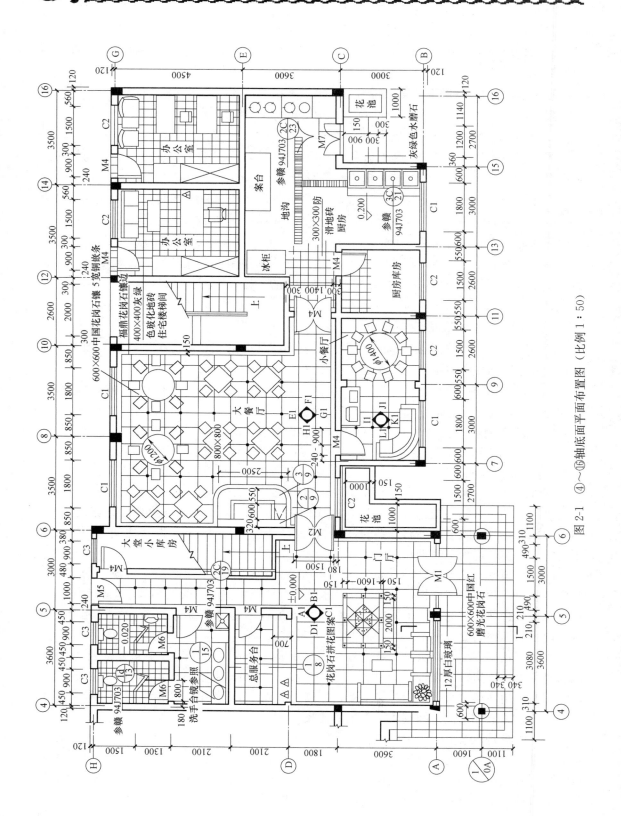

图 2-1　④～⑯轴底面平面布置图（比例 1：50）

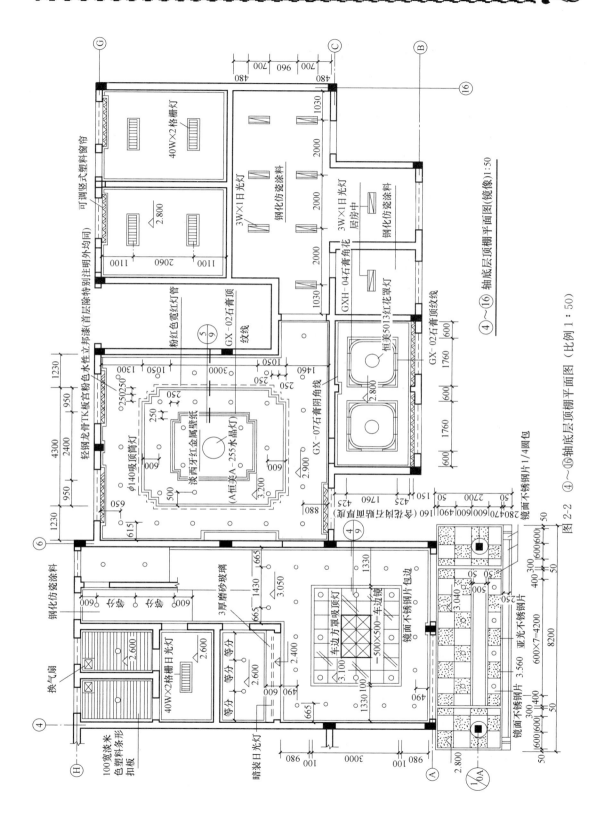

图 2-2 ④~⑯轴底层顶棚平面图（比例 1：50）

2.2　建筑装饰装修立面图识图诀窍

2.2.1　建筑装饰装修立面图的形成及种类

立面图的形成就是建筑物墙面向平行于墙面的投影面上所做的正投影图。如果是建筑的外观墙面，则称为外视立面图，常简称为立面图。

如果是内部墙面的正投影图，则称为内视立面图，通常是装修立面图且为剖面图，也是室内竖向剖切平面的正立投影图。

外视立面图的作用主要是表达建筑物各个观赏面的外观，如立面造型、材质与效果、技术水平、外部作法及要求、指导施工等。

内视立面图主要表达室内墙面及有关室内装修情况，如室内立面造型、门窗、比例尺度、家具陈设、壁挂等装饰的与尺寸、装修材料及作法等。

立面图的种类有外视立面图、内视立面图及内视立面图展开图等。

就室内装修来说，内视立面图是指在室内空间见到的内墙面的图示及内视立面中的家具陈设、设施布局、壁挂和有关的施工内容，应做到图像清晰、数据完善。内视立面图多数是表现单一的室内空间，但也容易扩展到相邻的空间。图上，不仅要画出墙面布置和工程内容，还必须把该空间可见的家具、设施、摆设、悬吊物等都表现出来。同时，还要把视图中的轴线编号、控制标高、重要的尺寸数据、详图索引符号等充实到内视立面图中，满足施工需要。图名应标注房间名称、投影方向，必要时也应把轴线编号加以标注。

2.2.2　建筑装饰装修立面图的基本内容和表示方法

建筑装饰装修立面图的基本内容与表示方法如下：

1）图名、比例与立面图两端的定位轴线以及其编号。

2）在装饰立面图上使用相对标高，即以室内地面为标高零点，并且以此为基准来标明装饰立面图上有关部位的标高。

3）表明室内外立面装饰的造型和式样，并且用文字说明其饰面材料的品名、规格、色彩和工艺要求。

4）表明室内外立面装饰造型的构造关系与尺寸。

5）表明各种装饰面的衔接收口形式。

6）表明室内外立面上各种装饰品的式样、位置与大小尺寸。

7）表明门窗、花格、装饰隔断等设施的高度尺寸与安装尺寸。

8）表明室内外景园小品或者其他艺术造型体的立面形状和高低错落位置尺寸。

9）表明室内外立面上的所用设备及其位置尺寸和规格尺寸。

10）表明详图所示部位及详图所在位置。作为基本图的装饰剖面图，其剖切符号一般不应在立面图上标注。

11）作为室内装饰立面图，还要表明家具和室内配套产品的安放位置、尺寸。如果采用剖面图示形式的室内装饰立画图，还要表明顶棚的跌级变化和相关尺寸。

12）建筑装饰立画图的线型选样和建筑立面图基本相同。

2.2.3　建筑装饰装修立面图的识图要点

1）明确建筑装饰立面图上与该工程有关的各部分尺寸与标高。

2）通过图中不同线型的含义，搞清楚立面上的各种装饰造型的凹凸起伏变化和转折关系。

3）弄清楚每个立面上有几种不同的装饰面，以及这些装饰面所选用的材料与施工工艺要求。

4）立面上各装饰面之间的衔接收口较多，这些内容在立面图上表现得比较概括，大多在节点详图中详细表明。要注意找出这些详图，明确它们的收口方式、工艺和所用材料。

5）明确装饰结构之间以及装饰结构与建筑结构之间的连接固定方式，以便提前准备预埋件和紧固件。

6）要注意设施的安装位置，电源开关、插座的安装位置和安装方式，以便在施工中预留位置。

阅读室内装饰立面图时，要结合平面布置图、顶棚平面图和该室内其他立面图对照阅读，明确该室内的整体作法及要求。阅读室外装饰立面图时，要结合平面布置图和该部位的装饰剖面图综合阅读，全面弄清楚它的构造关系。

现以图 2-3 为例，说明某建筑装饰立面图的读图方法和步骤。

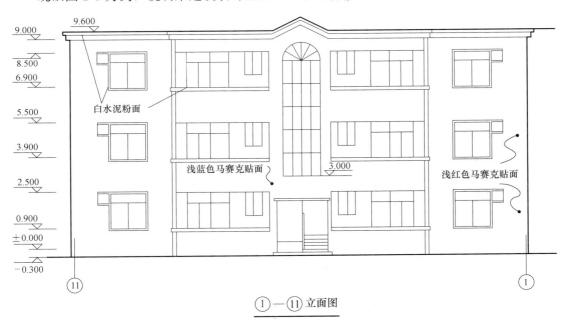

图 2-3　某建筑装饰立面图

（1）从图名或轴线的编号可知，该图是房屋北向的立面图，比例为 1∶100，以便参照阅读。

（2）从图上可看到该房屋一个立面的外貌形状，也可了解该房屋的屋顶、门窗、雨篷、阳台、台阶、勒脚等细部的形式和位置。如主入口在中间，其上方有一连通窗（用简化画法表示）。各层均有阳台，在两边的窗洞左（右）上方有一小洞，为放置空调器的预留孔。

（3）从图中所标注的高度可知，此房屋室外地面比室内±0.000低300mm，女儿墙顶面处为9.60m，因此房屋外墙总高度为9.90m。标高一般注在图形外，并做到符号排列整齐、大小一致。如果房屋立面左右对称时，一般注在左侧；不对称时，左右两侧均应标注。必要时为了更清楚，可标注在图内（如楼梯间的窗台面标高）。

（4）从图上的文字说明，了解到房屋外墙面装修的作法，如东、西端外墙为浅红色马赛克贴面，中间阳台和楼梯间外墙面用浅蓝色马赛克贴面，窗洞周边、檐口及阳台栏板边等为白水泥粉面（装修说明也可在首页图中列表详述）。

（5）图中靠阳台边上设有一雨水管。

2.3　建筑装饰装修剖面图识图诀窍

2.3.1　建筑装饰装修剖面图的分类及用途

建筑装饰装修剖面图简称剖面图（即剖视图），根据用途、表现范围不同，可有两种类型：

1. 整体剖面图

整体剖面图又称剖立面图，是用一剖切平面将整个房间切开，画出切开房间内部空间物体的投影，然后对于构成房间周围的墙体及楼地面的具体构造却可以省略。剖立面图就是剖视图，形成剖立面图的剖切平面的名称、位置及投射方向应在平面布置图中表明。

其作用表现的不仅仅是某一墙面装修后的布置状况，而是表现出整个房间装修后室内空间的布置状况与装修后的效果，因而它具有感染力。剖立面图中也允许加画花草、树木、喷泉、山石等景观造型甚至也可以绘制少量人物以烘托装饰房间的功能。剖立面图可作为立体效果图的深入与补充，一般情况下使用不多，但是当拟用剖立面图来代替立面图布置图表明墙面布置状况，并同时也需要表明顶棚构造及墙体装修构造时，则最好使用剖立面图，但在这种情况下剖立面图中的尺寸、结构材料等内容应完整且齐全，要能满足工程施工要求。

2. 局部剖面图

局部剖面图主要用来表现装修节点处的内部构造。房间欲装修的部位很多，只要需要便可画剖面图。由于局部剖面图都是作样图用，所以画图比例较多，且用详图索引符号给出剖面图的名称。局部剖面图一般要与其他图样共同表现装修节点。

2.3.2　建筑装饰装修剖面图的基本内容

1）表明建筑的剖面基本结构和剖切空间的基本形状，并且标注出所需的建筑主体结构的有关尺寸和标高。

2）表明装饰结构的剖面形状、构造形式、材料组成及固定与支承构件的相互关系。

3）表明装饰结构与建筑主体结构之间的衔接尺寸及连接方式。

4）表明剖切空间内可见实物的形状、大小及位置。

5）表明装饰结构和装饰面上的设备安装方式或者固定方法。

6）表明某些装饰构件、配件的尺寸，工艺作法与施工要求，另有详图的可概括表明。

7）表明节点详图和构配件详图的所示部位与详图所在位置。

8）如果是建筑内部某一装饰空间的剖面图，还要表明剖切空间内与剖切平面平行的墙面装饰形式、装饰尺寸、饰面材料以及工艺要求。

9）表明图名、比例和被剖切墙体的定位轴线及其编号，以便与平面布置图和顶棚平面图对照阅读。

2.3.3 建筑装饰装修剖面图的识图要点

1）阅读建筑装饰剖面图时，首先要对照平面布置图，看清楚剖切面的编号是否相同，了解该剖面的剖切位置与剖视方向。

2）在众多图像和尺寸中，要分清哪些是建筑主体结构的图像与尺寸，哪些是装饰结构的图像和尺寸。当装饰结构与建筑结构所用材料相同时，它们的剖断面表示方法是一致的。现代某些大型建筑的室内外装饰，无非是贴墙面、铺地面、吊顶而已，因此要注意区分，以便进一步研究它们之间的衔接关系、方式和尺寸。

3）通过对剖面图中所示内容的阅读和研究，明确装饰工程各部位的构造方法、构造尺寸、材料要求与工艺要求。

4）建筑装饰形式变化多，程式化的作法少。作为基本图的装饰剖面图只能表明原则性的技术构成问题，具体细节还需要详图来补充表明。因此，在阅读建筑装饰剖面图时，还应当注意按图中索引符号所示方向，找出各部位节点详图不断对照仔细阅读，弄清楚各个连接点或者装饰面之间的衔接方式，以及包边、盖缝、收口等细部的材料、尺寸与详细作法。

5）阅读建筑装饰剖面图要结合平面布置图和顶棚平面图进行，某些室外装饰剖面图还要结合装饰立面图来综合阅读，才能够全方位地理解剖面图示内容。

现以图2-4为例，说明某建筑装饰剖面图的读图方法和步骤。

1）从图名和轴线编号可知，该图所示是一个剖切平面通过楼梯间剖切后向左进行投射所得的横剖面图。

2）图中画出房屋地面至屋顶的结构形式内容，可知此房屋垂直方向承重构件（柱）和水平方向承重构件（梁和板）是用钢筋混凝土构成的，所以它是属于框架结构的形式。从地面的材料图例可知为普通的混凝土地面，又根据地面和屋面的构造说明索引，可查阅它们各自的详细构造情况。

3）图中标高都表示为与±0.000的相对尺寸，如三层楼面标高是从首层地面算起为6.00m，而它二层楼面的高差（层高）仍为3.00m。图中，只标注了门窗的高度尺寸，楼梯因另有详图，其详细尺寸可不在此注出。

4）从图中标注的屋面坡度可知，该处为一单向排水屋面，其坡度为3%（其他倾斜的地方，如散水、排水沟、坡道等，也可用此方式表示其坡度）。如果坡度较大，可用1/4的形式表示，读成1∶4。直角三角形的斜边应与坡度平行，直角边上的数字表示坡度

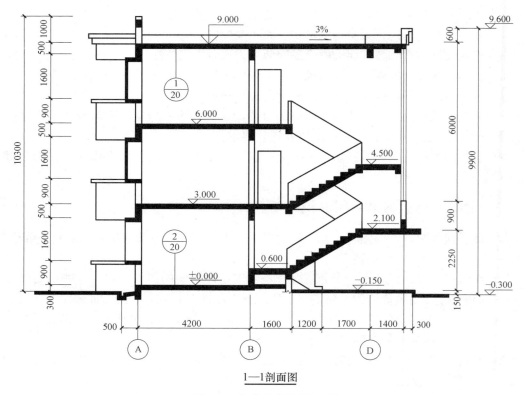

1—1剖面图

图 2-4　某建筑装饰剖面图

的高宽比。

2.4　建筑装饰详图识图诀窍

2.4.1　建筑装饰装修详图的概念及要求

　　装饰装修剖面图中，有时由于受图纸幅面、比例的制约，对于装修细部、装饰构配件及某些装修剖面节点的详细构造，常常难以表达清楚，给施工带来困难，有的甚至无法进行施工，因此必须另外用放大的形式绘制图样才能表达清楚，满足施工的需要，这样的图样就称为详图。它包括装饰构配件详图、剖面节点详图等。

　　详图是室内视图和剖视图的补充，其作用是满足装修细部施工的需要。

　　详图可以是平面图、顶棚图、立面图、剖面图、断面图，也可以是轴测图、构造节点图等。根据装修工程中的实际情况，可适当增减详图数量，以表达清楚、满足施工需要为原则。

　　对详图总的要求是：翔实、简明，表达清楚，满足施工要求。具体要求做到"三详"。

1. 图形详

　　图示形象要真实、准确，各部分相应的位置符合实际，各部件的构造连接一定要清楚、切实，各构件的材料断面要用适当的图示线，大比例尺的分层构造图应层层可见。整个图像要概念清晰，令人一目了然。

2. 数据详

图样细部尺寸、构件断面尺寸、材料规格尺寸等的标注要完善；带有控制性的标高、有关定位轴线和索引符号的编号、套用图号、图示比例及其他有关数据都要标注无误。

3. 文字详

不能用图像表达，也无处标注数据的内容，如构造分层的用料和作法、材料的颜色、施工的要求和说明、套用的图集、详图名称等都要用文字说明，并要简洁、明了。

2.4.2 建筑装饰装修详图的分类

装饰详图按照其部位分为以下几类。

1）墙（柱）面装饰详图：主要用于表达室内立面的构造，着重反映墙（柱）面在分层作法、选材以及色彩上的要求。

2）顶棚详图：主要用于反映吊顶构造、作法的剖面图或者断面图。

3）装饰造型详图：独立的或者依附于墙柱的装饰造型与构造体，如影视墙、花台、屏风、壁龛、栏杆造型等的平、立、剖面图以及线脚详图。

4）家具详图：主要指需要现场制作、加工的固定式家具，如衣柜、书柜与储藏柜等。有时也包括可移动家具如床、书桌及展示台等。

5）装饰门窗及门窗套详图：门窗是装饰工程中的主要施工内容之一，其形式多种多样，它的样式、选材与施工工艺作法在装饰图中有特殊的地位。其图样有门窗及门窗套立面图、剖面图与节点详图。

6）楼地面详图：反映地面的艺术造型及细部作法等内容。

7）小品及饰物详图：小品、饰物详图主要包括雕塑、水景、指示牌及织物等的制作图。

2.4.3 建筑装饰装修详图的图示内容

1）表明装饰面与装饰造型的结构形式、饰面材料与支撑构件的相互关系。

2）表明重要部位的装饰构件、配件的详细尺寸、工艺作法与施工要求。

3）表明装修结构与建筑主体结构之间的连接方式与衔接尺寸。

4）表明装饰面板之间拼接方式及封边、盖缝、收口和嵌条等处理的详细尺寸与作法。

5）表明装饰面上的设施安装方式或固定方法以及设施与装饰面的收口收边方式。

2.4.4 建筑装饰装修详图的识图要点

1）看详图符号，结合平面图、立面图和剖面图，了解详图来自哪个部位。

2）对于复杂的详图，可将其分成几块，分别进行识读。

3）找出各块的主体，进行重点识读。

4）注意看主体和饰面之间采用哪种形式连接。

现以一组装饰装修详图为例，说明其读图方法和步骤。

1. 餐厅背景大样图

图 2-5 为餐厅、沙发整体背景大样图。从图中可看出，这堵墙总长度为 6000mm。客户要求把它分成两个不同使用功能区，即餐厅与客厅，餐厅地面提高 100mm，由装饰墙将两个不同的使用功能区分隔开来，具体布置如图 2-5 所示。

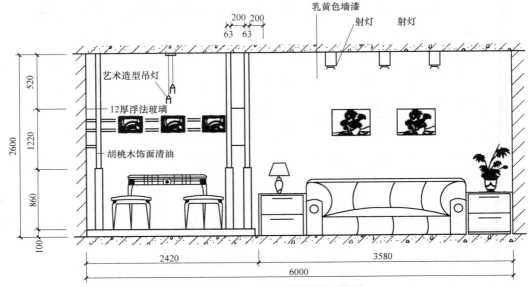

图 2-5　餐厅、沙发整体背景大样图

2. 电视背景墙大样图

图 2-6 为电视背景墙 A 大样图，这个客厅宽度为 3700mm，层高为 2600mm，电视柜高度为 400mm，它的墙面布置及装饰如图 2-6 所示。图 2-7 为电视背景墙 B 大样图，这堵

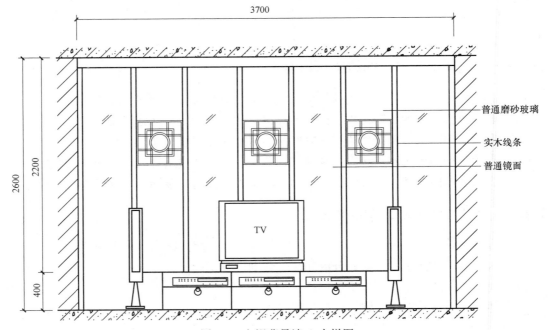

图 2-6　电视背景墙 A 大样图

背景墙较电视背景墙 A 更现代派些，艺术感比较强，背景墙体艺术品装饰部分和卧室门融为一体，简洁大方、美观。

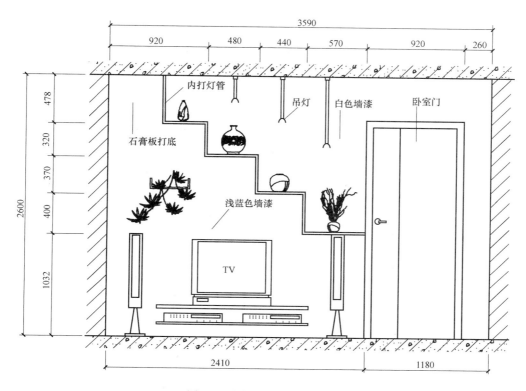

图 2-7　电视背景墙 B 大样图

3. 整体橱柜墙大样图

图 2-8 为整体橱柜墙大样图。由图中可以看出，橱柜墙高度为 2500mm，橱柜高度为 2450mm。此类施工图不只是要设计得美观、大方，而且要考虑使用者的习惯和使用者的身高以确定灶台的高度。如果高度设计不当，将给使用者带来不便。

4. 通道垭口大样图

图 2-9 为客厅和卧室区通道出入口处的一幅垭口大样图的设计图。它打破了传统式的整包门框的形式，采用了窄边条将造型不一的各矩形连在一起，组成一个框。同时，还在垭口的一侧做了一个简易的花饰架，花饰架采用 8mm 厚浮法玻璃组成。

5. 阳台垭口及阳台侧墙大样图

图 2-10 和图 2-11 分别为阳台垭口和阳台侧墙大样图。阳台垭口宽度为 2050mm，高度为 2600mm，并用胡桃木实木线条进行装饰；阳台侧墙宽度为 2320mm，高度为 2600mm，由下至上分别采用贴文化砖和刷白色漆饰面，并且采用木格吊顶。装饰设计中，常常把没有门的出入口处的设计称为垭口设计。该组设计是想把使用者的阳台打造成一个花园式阳台。

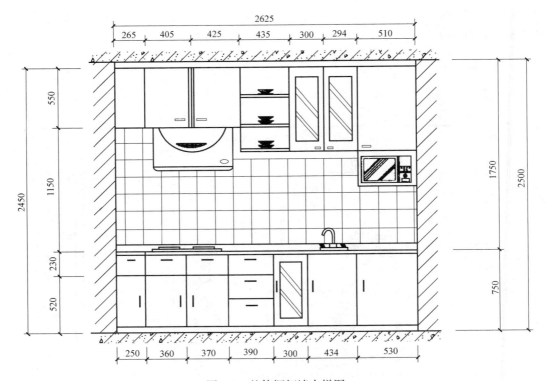

图 2-8　整体橱柜墙大样图

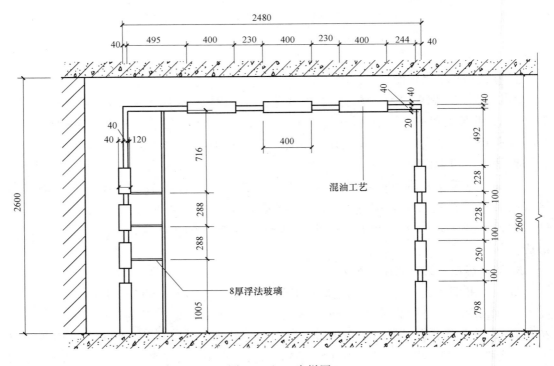

图 2-9　垭口大样图

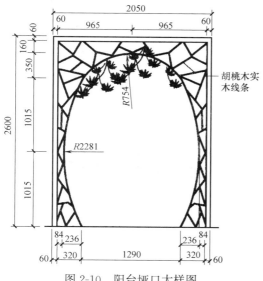

图 2-10　阳台垭口大样图

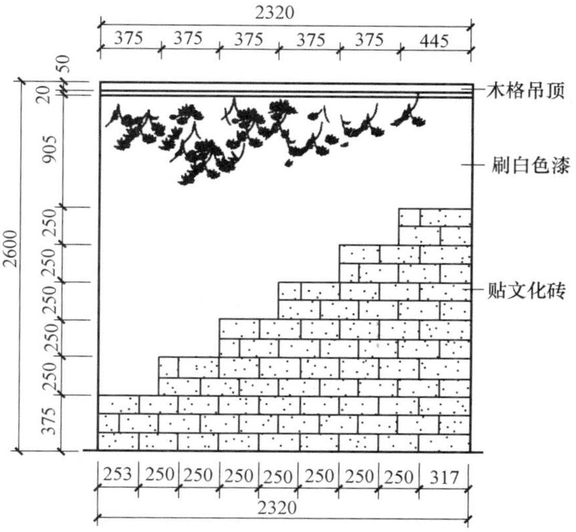

胡桃木实
木线条

图 2-11　阳台侧墙大样图

木格吊顶

刷白色漆

贴文化砖

楼地面装饰施工图识图诀窍

3.1　楼地面的饰面功能

楼地面饰面，一般是指在普通的水泥地面、混凝土地面、砖地面以及灰土垫层等各种地坪的表面所加做的饰面层。它通常具有以下三个方面的功能。

1. 保护楼板与地坪

保护楼板与地坪是楼地面饰面的基本要求。建筑结构构件的使用寿命与使用条件、使用环境有较大的关系。楼地面的饰面层是覆盖在结构构件表面之上的，在一定程度上缓解了外力对结构构件的直接作用，可起到耐磨、防碰撞破坏以及防止渗透而引起的楼板内钢筋锈蚀等作用。

2. 满足使用要求

人们对楼地面的使用，一般要求坚固、防滑、耐磨、不易起灰与易于清洁等。对于楼面而言，还要有防止生活用水渗漏的性能；而对于底层地面，应有一定的防潮性能。不同的部位，不同的使用功能，要求也并不相同。对于一些标准较高的建筑物及有特殊用途的空间，必须考虑以下一些功能。

（1）隔声要求

隔声主要是对于楼面而言的。居住建筑有隔声的必要，尤其是某些大型建筑，如医院、广播室以及录音室等，更要求安静与无噪声。因此，必须考虑隔声问题。

（2）吸声要求

在标准较高、室内音质控制要求严格以及使用人数较多的公共建筑中，合理地选择与布置地面材料，对于有效地控制室内噪声具有十分积极的作用。一般来说，表面致密光滑、刚性较大的地面，如大理石地面，对于声波的反射能力较强，吸声能力较差。而各种软质地面，可起到较大的吸声作用，如化纤地毯的平均吸声系数达到 0.55。

（3）保温性能要求

从材料特性的角度考虑，水磨石地面与大理石地面等均属于热传导性较高的材料，而木地板与塑料地面等则属于热传导性较低的地面。从人的感受角度加以考虑，需要注意，人会以某种地面材料的导热性能的认识来评价整个建筑空间的保温特性。因此，对于地面保温性能的要求，宜结合材料的导热性能、暖气负载和冷气负载的相对份额的大小、人的感受以及人在这一空间活动的特性等因素加以综合考虑。

（4）弹性要求

当一个不太大的力作用于一个刚性较大的物体（如混凝土楼板）时，这时楼板将作用在它上面的力全部反作用于施加这个力的物体之上。与此相反，当作用于一个有弹性的物体（如橡胶板）时，则反作用力要小于原来所施加的力。这主要是因为弹性材料的变形具有吸收冲击能力的性能，冲力较大的物体接触到弹性物体，其所受到的反冲力要比原先要小得多，因此，人在具有一定弹性的地面上行走，感觉会相对舒适。对于一些装修标准较高的建筑室内地面，应当尽可能采用有一定弹性的材料作为地面的装修面层。

3. 满足装饰方面的要求

楼地面的装饰是整个工程的重要组成部分，对整个室内的装饰效果有较大影响。它与顶棚共同构成了室内空间的上、下水平要素，同时通过两者巧妙结合，可以使室内产生优美的空间序列感。

可见，处理好楼地面的装饰效果及其与功能之间的关系，是由多方面因素共同促成的，因此，必须要考虑到诸如空间的形态、整体的色彩协调、装饰图案、家具饰品的配套、质感的效果、人的活动状况以及心理感受等因素。

3.2 楼地面的组成

楼地面构造基本上可分为基层与面层两个主要部分。为满足找平、结合、防水、防潮、弹性、保温隔热及管线敷设等功能上的要求，通常还要在基层与面层之间增加相依功能的附加构造层，也称为中间层。

楼地面的组成类型及主要构造层次如图3-1和图3-2所示。

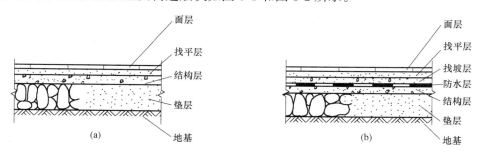

图3-1 地面组成类型

（a）普通地面；（b）防水地面

1. 基层

底层地面的基层是指素土夯实层。对于相对较好的填土如砂质黏土，只要夯实便可满足要求。碰到土质较差时，可以掺碎砖和石子等骨料夯实。

楼层地面的基层是钢筋混凝土的楼板。

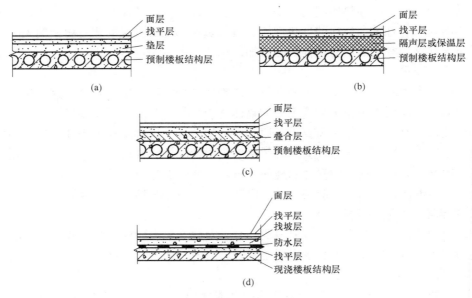

图 3-2　楼面组成类型
(a) 普通楼板层；(b) 隔声或保温楼板层；(c) 预制现浇楼板层；(d) 防水楼板层

　　基层的作用主要是承受其上的全部荷载，因此要求基层应当坚固、稳定，以保证安全与正常使用。

　　2. 附加构造层

　　附加构造层主要包括垫层、找平层、隔离层（防水防潮层）、填充层及结合层等，其设置应当考虑实际需要。各类附加构造层虽然所起的作用不同，但是都必须承受并传递由面层传来的荷载，要有较好的刚性、韧性与较大的蓄热系数，有隔声、保温、防潮以及防水的能力。

　　（1）垫层

　　垫层是指承受并均匀传布荷载给基层的构造层，分刚性垫层与柔性垫层两种。

　　刚性垫层有足够的整体刚度，受力后变形较小。常采用 C10～C15 低强度素混凝土，厚度通常为 50～100mm。

　　柔性垫层整体刚度较小，受力后容易产生塑性变形。常用灰土、三合土、砂、炉渣、矿渣以及碎（卵）石等松散材料，厚度为 50～150mm 不等。三合土垫层为熟化石灰、砂与碎砖的拌合物，拌合物的体积比宜为 1:3:6（或者 1:2:4），或者按设计要求配料。炉渣垫层有三种：一为单用炉渣；二为炉渣中掺有一定比例的水泥，如 1:6 水泥焦砟；三是水泥、石灰和炉渣的拌合物，如 1:1:8 水泥白灰焦渣，既可用于垫层也可用于填充层。

　　（2）找平层

　　找平层是起找平作用的构造层。一般设置于粗糙的基层表面，用水泥砂浆（约 20mm 厚）弥补取平，以利于铺设防水层或者较薄的面层材料。

　　（3）隔离层

　　隔离层主要用于卫生间、厨房、浴室、盥洗室与洗衣间等地面的构造层，起防渗漏的作用，对底层地面又起防潮作用。

隔离层可以采用沥青胶结料、掺有防水剂或者密实剂的防水砂浆和防水混凝土、卷材类的高聚物改性沥青防水卷材与合成高分子卷材及防水类的涂料。

（4）填充层

填充层主要是起隔声、保温、找坡或者敷设暗管线等作用的构造层。填充层的材料可以用松散材料、整体材料或者板块材料，如水泥石灰炉渣、加气混凝土以及膨胀珍珠岩块等。

（5）结合层与粘结层

结合层是促使上、下两层之间结合牢固的媒介层，如在混凝土找坡层上抹水泥砂浆找平层，其结合层的材料为素水泥浆；在水泥砂浆找平层上涂刷热沥青防水层，其结合层的材料为冷底子油。

粘结层是把一种材料粘贴于基层时所使用的胶结材料，在上、下层间起粘结作用的构造层，如粘贴陶瓷地砖于找平层上所用的水泥砂浆粘贴层。

3. 面层

面层主要是指人们进行各种活动与其接触的地面表面层，它直接承受摩擦与洗刷等各种物理与化学的作用。根据不同的使用要求，面层的构造也各不相同。如客厅与卧室要求有较好的蓄热性与弹性，浴室与卫生间要求耐潮湿、不透水，厨房要求防火、耐火，试验室则要求耐酸碱、耐腐蚀等。但无论何种构造的面层，均应具有一定的强度、耐久性、舒适性及装饰性。

3.3 常见楼地面的构造

常见楼地面的构造如下。

1. 水泥砂浆楼地面

水泥砂浆楼地面是一种传统的地面，目前属于低档地面。其特点是构造简单、施工方便、造价低廉、坚固耐磨、防水性好，但热工性能较差，施工质量不好时易起砂、起灰且无弹性。

2. 地砖楼地面

地砖种类繁多，包括釉面地砖、彩色釉面地砖、通体瓷质地砖、陶瓷玻化砖、磨光石英砖、劈离地砖等多品种、多档次的各类地砖。它具有表面平整细腻、坚固耐磨、防水防火、耐酸碱腐蚀、耐油污、色彩图案丰富、不起灰、易清洁等特点，适用于装修标准较高的各类民用建筑和轻型工业厂房。

3. 陶瓷马赛克楼地面

陶瓷马赛克旧称为陶瓷锦砖，是以优质瓷土烧制成的 19mm 或 25mm 见方、厚 6～7mm 的小块。出厂前按设计图案拼成 300mm×300mm 或 600mm×600mm 的规格，并反贴在牛皮纸上。其质地坚硬、经久耐用、防水、耐腐蚀、易清洁、防滑、色泽丰富、装饰效果好，适用于有水、有腐蚀性液体作用的地面。

4. 天然石材楼地面

天然石材楼地面主要指各种天然花岗石、大理石地面，其质地坚硬、防水防火、耐腐蚀、色泽丰富艳丽、造价高，属于高档地面，常用于高级公共建筑的门厅、大厅、营业厅或高标准的卫生间等的地面。

5. 木楼地面

木楼地面具有弹性好、不起尘、易清洁、不返潮、保温性好、色泽纹理自然美观等特点，是一种高级地面，适用于高级住宅、宾馆、体育馆、健身房、剧院舞台等建筑物地面。根据构造方式的不同，木楼地面分为实铺、空铺和粘贴三种。

6. 地毯楼地面

地毯是一种高级地面装饰材料，它分为纯毛地毯和化纤地毯两类。纯毛地毯柔软舒适、温暖、豪华、富有弹性，但价格昂贵、易虫蛀和霉变；化纤地毯耐老化、防污染，且价格较低、资源丰富、色泽多样，可用于室内外。地毯楼地面多用于高级住宅、高档宾馆、旅店及公共场所，如会议室等。

楼地面构造作法见表 3-1。

楼地面构造作法（单位：mm）   表 3-1

名称	简图	构造作法	
		地面	楼面
水泥砂浆楼地面（燃烧性能等级A）	 地面　楼面	1. 20厚1：2.5水泥砂浆 2. 水泥浆一道（内掺建筑胶） 3. 60厚C15混凝土垫层 4. 素土夯实	 3. 现浇钢筋混凝土楼板或预制楼板现浇叠合层
	 地面　楼面	1. 20厚1：2.5水泥砂浆 2. 水泥浆一道（内掺建筑胶） 3. 60厚C15混凝土垫层 4. 150厚碎石夯入土中	 3. 60厚LC7.5轻集料混凝土填充层 4. 现浇钢筋混凝土楼板或预制楼板现浇叠合层
	 地面　楼面	1. 20厚1：2.5水泥砂浆 2. 水泥浆一道（内掺建筑胶） 3. 60厚C15混凝土垫层 4. 150厚粒径5～32卵石（碎石）灌M2.5混合砂浆振捣密实或3：7灰土 5. 素土夯实	 3. 60厚1：6水泥焦渣填充层 4. 现浇钢筋混凝土楼板或预制楼板现浇叠合层

名称	简图	构造作法	
		地面	楼面
水泥砂浆楼地面（有防水层）（燃烧性能等级A）		1. 15 厚 1：2.5 水泥砂浆 2. 35 厚 C20 细石混凝土 3. 1.5 厚聚氨酯防水层或 2 厚聚合物水泥基防水涂料 4. 1：3 水泥砂浆或最薄处 30 厚 C20 细石混凝土找坡层抹平 5. 水泥浆一道（内掺建筑胶）	
		6. 60 厚 C15 混凝土垫层 7. 素土夯实	6. 现浇钢筋混凝土楼板
		1. 15 厚 1：2.5 水泥砂浆 2. 35 厚 C20 细石混凝土 3. 1.5 厚聚氨酯防水层或 2 厚聚合物水泥基防水涂料 4. 1：3 水泥砂浆或最薄处 30 厚 C20 细石混凝土找坡层抹平	
		5. 水泥浆一道（内掺建筑胶） 6. 60 厚 C15 混凝土垫层 7. 150 厚碎石夯入土中	5. 60 厚 LC7.5 轻集料混凝土填充层 6. 现浇钢筋混凝土楼板
		1. 15 厚 1：2.5 水泥砂浆 2. 35 厚 C20 细石混凝土 3. 1.5 厚聚氨酯防水层或 2 厚聚合物水泥基防水涂料 4. 1：3 水泥砂浆或最薄处 30 厚 C20 细石混凝土找坡层抹平	
		5. 水泥浆一道（内掺建筑胶） 6. 60 厚 C15 混凝土垫层 7. 150 厚粒径 5～32 卵石（碎石）灌 M2.5 混合砂浆振捣密实或 3：7 灰土 8. 素土夯实	5. 60 厚 1：6 水泥焦渣填充层 6. 现浇钢筋混凝土楼板
细石混凝土楼地面（燃烧性能等级A）		1. 40 厚 C20 细石混凝土,表面撒1：1的水泥：砂,随打随抹光 2. 水泥浆一道（内掺建筑胶）	
		3. 60 厚 C15 混凝土垫层 4. 素土夯实	3. 现浇钢筋混凝土楼板或预制楼板现浇叠合层
		1. 40 厚 C20 细石混凝土,表面撒1：1的水泥：砂,随打随抹光 2. 水泥浆一道（内掺建筑胶）	
		3. 60 厚 C15 混凝土垫层 4. 150 厚碎石夯入土中	3. 60 厚 LC7.5 轻集料混凝土填充层 4. 现浇钢筋混凝土楼板或预制楼板现浇叠合层

续表

名称	简图	构造作法	
		地面	楼面
细石混凝土楼地面（燃烧性能等级A）		1. 40厚C20细石混凝土,表面撒1:1的水泥:砂,随打随抹光 2. 水泥浆一道(内掺建筑胶)	
		3. 60厚C15混凝土垫层 4. 150厚粒径5～32卵石(碎石)灌M2.5混合砂浆振捣密实或3:7灰土 5. 素土夯实	3. 60厚1:6水泥焦渣填充层 4. 现浇钢筋混凝土楼板或预制楼板现浇叠合层
细石混凝土楼地面(有防水层,燃烧性能等级A)		1. 40厚C20细石混凝土,表面撒1:1的水泥:砂,随打随抹光 2. 1.5厚聚氨酯防水层或2厚聚合物水泥基防水涂料 3. 1:3水泥砂浆或最薄处30厚C20细石混凝土找坡层抹平 4. 水泥浆一道(内掺建筑胶)	
		5. 60厚C15混凝土垫层 6. 素土夯实	5. 现浇钢筋混凝土楼板
		1. 40厚C20细石混凝土,表面撒1:1的水泥:砂,随打随抹光 2. 1.5厚聚氨酯防水层或2厚聚合物水泥基防水涂料 3. 1:3水泥砂浆或最薄处30厚C20细石混凝土找坡层抹平	
		4. 水泥浆一道(内掺建筑胶) 5. 60厚C15混凝土垫层 6. 150厚碎石夯入土中	4. 60厚LC7.5轻集料混凝土填充层 5. 现浇钢筋混凝土楼板
		1. 40厚C20细石混凝土,表面撒1:1的水泥:砂,随打随抹光 2. 1.5厚聚氨酯防水层或2厚聚合物水泥基防水涂料 3. 1:3水泥砂浆或最薄处30厚C20细石混凝土找坡层抹平	
		4. 水泥浆一道(内掺建筑胶) 5. 60厚C15混凝土垫层 6. 150厚粒径5～32卵石(碎石)灌M2.5混合砂浆振捣密实或3:7灰土 7. 素土夯实	4. 60厚1:6水泥焦渣填充层 5. 现浇钢筋混凝土楼板
地砖楼地面(燃烧性能等级A)		1. 8～10厚地砖,干水泥擦缝 2. 20厚1:3干硬性水泥砂浆结合层,表面撒水泥粉 3. 水泥浆一道(内掺建筑胶)	
		4. 60厚C15混凝土垫层 5. 素土夯实	4. 现浇钢筋混凝土楼板或预制楼板现浇叠合层

名称	简图	构造作法	
		地面	楼面
地砖楼地面（燃烧性能等级A）	地面　楼面	1. 8～10厚地砖,干水泥擦缝 2. 20厚1:3干硬性水泥砂浆结合层,表面撒水泥粉	
		3. 水泥浆一道（内掺建筑胶） 4. 60厚C15混凝土垫层 5. 150厚碎石夯入土中	3. 60厚LC7.5轻集料混凝土填充层 4. 现浇钢筋混凝土楼板或预制楼板现浇叠合层
	地面　楼面	1. 8～10厚地砖,干水泥擦缝 2. 20厚1:3干硬性水泥砂浆结合层,表面撒水泥粉	
		3. 水泥浆一道（内掺建筑胶） 4. 60厚C15混凝土垫层 5. 150厚粒径5～32卵石（碎石）灌M2.5混合砂浆振捣密实或3:7灰土 6. 素土夯实	3. 60厚LC7.5轻集料混凝土填充层 4. 现浇钢筋混凝土楼板或预制楼板现浇叠合层
地砖楼地面（有防水层,燃烧性能等级A）	地面　楼面	1. 8～10厚地砖,干水泥擦缝 2. 20厚1:3干硬性水泥砂浆结合层,表面撒水泥粉 3. 1.5厚聚氨酯防水层或2厚聚合物水泥基防水涂料 4. 1:3水泥砂浆或最薄处30厚C20细石混凝土找坡层抹平 5. 水泥浆一道（内掺建筑胶）	
		6. 60厚C15混凝土垫层 7. 素土夯实	6. 现浇钢筋混凝土楼板
	地面　楼面	1. 8～10厚地砖,干水泥擦缝 2. 20厚1:3干硬性水泥砂浆结合层,表面撒水泥粉 3. 1.5厚聚氨酯防水层或2厚聚合物水泥基防水涂料 4. 1:3水泥砂浆或最薄处30厚C20细石混凝土找坡层抹平	
		5. 水泥浆一道（内掺建筑胶） 6. 60厚C15混凝土垫层 7. 150厚碎石夯入土中	5. 60厚LC7.5轻集料混凝土填充层 6. 现浇钢筋混凝土楼板

续表

名称	简图	构造作法	
		地面	楼面
地砖楼地面(有防水层;燃烧性能等级A)	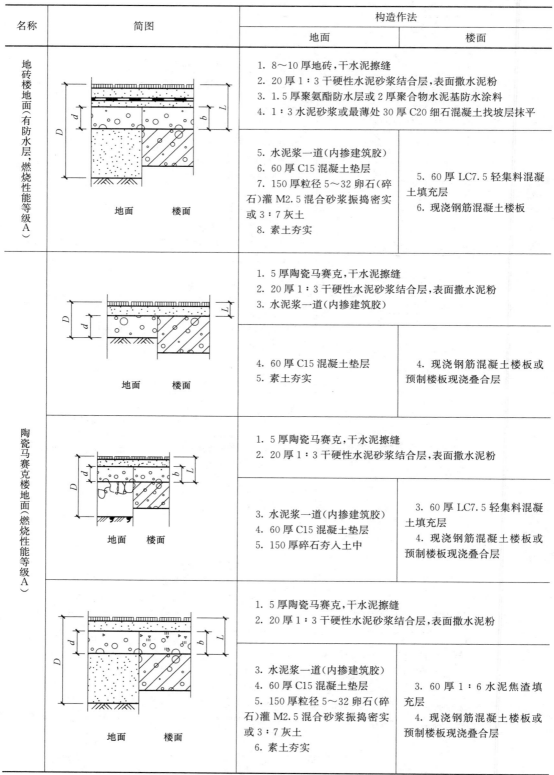地面　　楼面	1. 8～10 厚地砖,干水泥擦缝 2. 20 厚 1:3 干硬性水泥砂浆结合层,表面撒水泥粉 3. 1.5 厚聚氨酯防水层或 2 厚聚合物水泥基防水涂料 4. 1:3 水泥砂浆或最薄处 30 厚 C20 细石混凝土找坡层抹平	
		5. 水泥浆一道(内掺建筑胶) 6. 60 厚 C15 混凝土垫层 7. 150 厚粒径 5～32 卵石(碎石)灌 M2.5 混合砂浆振捣密实或 3:7 灰土 8. 素土夯实	5. 60 厚 LC7.5 轻集料混凝土填充层 6. 现浇钢筋混凝土楼板
陶瓷马赛克楼地面(燃烧性能等级A)	地面　　楼面	1. 5 厚陶瓷马赛克,干水泥擦缝 2. 20 厚 1:3 干硬性水泥砂浆结合层,表面撒水泥粉 3. 水泥浆一道(内掺建筑胶)	
		4. 60 厚 C15 混凝土垫层 5. 素土夯实	4. 现浇钢筋混凝土楼板或预制楼板现浇叠合层
	地面　　楼面	1. 5 厚陶瓷马赛克,干水泥擦缝 2. 20 厚 1:3 干硬性水泥砂浆结合层,表面撒水泥粉	
		3. 水泥浆一道(内掺建筑胶) 4. 60 厚 C15 混凝土垫层 5. 150 厚碎石夯入土中	3. 60 厚 LC7.5 轻集料混凝土填充层 4. 现浇钢筋混凝土楼板或预制楼板现浇叠合层
	地面　　楼面	1. 5 厚陶瓷马赛克,干水泥擦缝 2. 20 厚 1:3 干硬性水泥砂浆结合层,表面撒水泥粉	
		3. 水泥浆一道(内掺建筑胶) 4. 60 厚 C15 混凝土垫层 5. 150 厚粒径 5～32 卵石(碎石)灌 M2.5 混合砂浆振捣密实或 3:7 灰土 6. 素土夯实	3. 60 厚 1:6 水泥焦渣填充层 4. 现浇钢筋混凝土楼板或预制楼板现浇叠合层

名称	简图	构造作法	
		地面	楼面
（有防水层，燃烧性能等级A）陶瓷马赛克楼地面		1.5厚陶瓷马赛克，干水泥擦缝 2.20厚1：3干硬性水泥砂浆结合层，表面撒水泥粉 3.1.5厚聚氨酯防水层或2厚聚合物水泥基防水涂料 4.1：3水泥砂浆或最薄处30厚C20细石混凝土找坡层抹平 5.水泥浆一道（内掺建筑胶）	
		6.60厚C15混凝土垫层 7.素土夯实	6.现浇钢筋混凝土楼板
		1.5厚陶瓷马赛克，干水泥擦缝 2.20厚1：3干硬性水泥砂浆结合层，表面撒水泥粉 3.1.5厚聚氨酯防水层或2厚聚合物水泥基防水涂料 4.1：3水泥砂浆或最薄处30厚C20细石混凝土找坡层抹平	
		5.水泥浆一道（内掺建筑胶） 6.60厚C15混凝土垫层 7.150厚碎石夯入土中	5.60厚LC7.5轻集料混凝土填充层 6.现浇钢筋混凝土楼板
		1.5厚陶瓷马赛克，干水泥擦缝 2.20厚1：3干硬性水泥砂浆结合层，表面撒水泥粉 3.1.5厚聚氨酯防水层或2厚聚合物水泥基防水涂料 4.1：3水泥砂浆或最薄处30厚C20细石混凝土找坡层抹平	
		5.水泥浆一道（内掺建筑胶） 6.60厚C15混凝土垫层 7.150厚粒径5～32卵石（碎石）灌M2.5混合砂浆振捣密实或3：7灰土	5.60厚1：6水泥焦渣填充层 6.现浇钢筋混凝土楼板
石材板楼地面（燃烧性能等级A）		1.20厚石材板，干水泥擦缝 2.30厚1：3干硬性水泥砂浆结合层，表面撒水泥粉 3.水泥浆一道（内掺建筑胶）	
		4.60厚C15混凝土垫层 5.素土夯实	4.现浇钢筋混凝土楼板或预制楼板现浇叠合层
		1.20厚石材板，干水泥擦缝 2.30厚1：3干硬性水泥砂浆结合层，表面撒水泥粉	
		3.水泥浆一道（内掺建筑胶） 4.60厚C15混凝土垫层 5.150厚碎石夯入土中	3.60厚LC7.5轻集料混凝土填充层 4.现浇钢筋混凝土楼板或预制楼板现浇叠合层

续表

名称	简图	构造作法	
		地面	楼面
石材板楼地面（燃烧性能等级A）	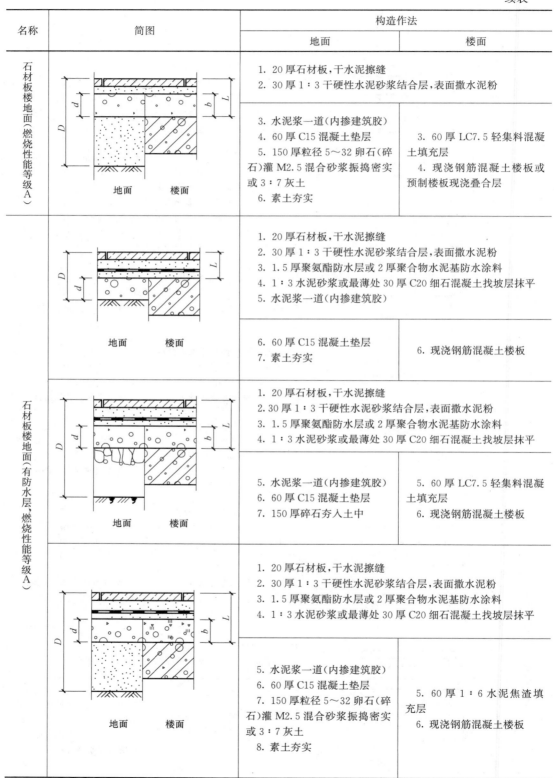	1. 20 厚石材板,干水泥擦缝 2. 30 厚 1：3 干硬性水泥砂浆结合层,表面撒水泥粉	
		3. 水泥浆一道(内掺建筑胶) 4. 60 厚 C15 混凝土垫层 5. 150 厚粒径 5～32 卵石(碎石)灌 M2.5 混合砂浆振捣密实或 3：7 灰土 6. 素土夯实	3. 60 厚 LC7.5 轻集料混凝土填充层 4. 现浇钢筋混凝土楼板或预制楼板现浇叠合层
		1. 20 厚石材板,干水泥擦缝 2. 30 厚 1：3 干硬性水泥砂浆结合层,表面撒水泥粉 3. 1.5 厚聚氨酯防水层或 2 厚聚合物水泥基防水涂料 4. 1：3 水泥砂浆或最薄处 30 厚 C20 细石混凝土找坡层抹平 5. 水泥浆一道(内掺建筑胶)	
		6. 60 厚 C15 混凝土垫层 7. 素土夯实	6. 现浇钢筋混凝土楼板
石材板楼地面（有防水层,燃烧性能等级A）		1. 20 厚石材板,干水泥擦缝 2.30 厚 1：3 干硬性水泥砂浆结合层,表面撒水泥粉 3. 1.5 厚聚氨酯防水层或 2 厚聚合物水泥基防水涂料 4. 1：3 水泥砂浆或最薄处 30 厚 C20 细石混凝土找坡层抹平	
		5. 水泥浆一道(内掺建筑胶) 6. 60 厚 C15 混凝土垫层 7. 150 厚碎石夯入土中	5. 60 厚 LC7.5 轻集料混凝土填充层 6. 现浇钢筋混凝土楼板
		1. 20 厚石材板,干水泥擦缝 2. 30 厚 1：3 干硬性水泥砂浆结合层,表面撒水泥粉 3. 1.5 厚聚氨酯防水层或 2 厚聚合物水泥基防水涂料 4. 1：3 水泥砂浆或最薄处 30 厚 C20 细石混凝土找坡层抹平	
		5. 水泥浆一道(内掺建筑胶) 6. 60 厚 C15 混凝土垫层 7. 150 厚粒径 5～32 卵石(碎石)灌 M2.5 混合砂浆振捣密实或 3：7 灰土 8. 素土夯实	5. 60 厚 1：6 水泥焦渣填充层 6. 现浇钢筋混凝土楼板

续表

名称	简图	构造作法	
		地面	楼面
橡塑合成板楼地面（燃烧性能等级B₂）		1. 1.5～3厚橡塑合成板，用专用胶粘剂粘贴 2. 20厚1:2.5水泥砂浆，压实抹光 3. 水泥浆一道（内掺建筑胶）	
		4. 60厚C15混凝土垫层 5. 素土夯实	4. 现浇钢筋混凝土楼板或预制楼板现浇叠合层
		1. 1.5～3厚橡塑合成板，用专用胶粘剂粘贴 2. 20厚1:2.5水泥砂浆，压实抹光 3. 水泥浆一道（内掺建筑胶）	
		4. 60厚C15混凝土垫层 5. 150厚碎石夯入土中	4. 60厚LC7.5轻集料混凝土填充层 5. 现浇钢筋混凝土楼板或预制楼板现浇叠合层
		1. 1.5～3厚橡塑合成板，用专用胶粘剂粘贴 2. 20厚1:2.5水泥砂浆，压实抹光 3. 水泥浆一道（内掺建筑胶）	
		4. 60厚C15混凝土垫层 5. 150厚粒径5～32卵石（碎石）灌M2.5混合砂浆振捣密实或3:7灰土 6. 素土夯实	4. 60厚1:6水泥焦渣填充层 5. 现浇钢筋混凝土楼板或预制楼板现浇叠合层
地毯楼地面（燃烧性能等级B₂）		1. 5～8或8～10厚地毯 2. 20厚1:2.5水泥砂浆，压实抹光 3. 水泥浆一道（内掺建筑胶）	
		4. 60厚C15混凝土垫层 5. 浮铺0.2厚塑料薄膜一层 6. 素土夯实	4. 现浇钢筋混凝土楼板或预制楼板现浇叠合层
		1. 5～8或8～10厚地毯 2. 20厚1:2.5水泥砂浆，压实抹光 3. 水泥浆一道（内掺建筑胶）	
		4. 60厚C15混凝土垫层 5. 浮铺0.2厚塑料薄膜一层 6. 150厚碎石夯入土中	4. 60厚LC7.5轻集料混凝土填充层 5. 现浇钢筋混凝土楼板或预制楼板现浇叠合层

名称	简图	构造作法	
		地面	楼面
地毯楼地面（燃烧性能等级B₂）	 地面　楼面	1. 5～8 或 8～10 厚地毯 2. 20 厚 1：2.5 水泥砂浆，压实抹光 3. 水泥浆一道（内掺建筑胶）	
		4. 60 厚 C15 混凝土垫层 5. 浮铺 0.2 厚塑料薄膜一层 6. 150 厚粒径 5～32 卵石（碎石）灌 M2.5 混合砂浆振捣密实或 3：7 灰土 7. 素土夯实	4. 60 厚 1：6 水泥焦渣填充层 5. 现浇钢筋混凝土楼板或预制楼板现浇叠合层
竹木楼地面（有龙骨，燃烧性能等级B₂）	 地面　楼面	1. 200μm 厚聚酯漆或聚氨酯漆 2. 20 厚竹木地板（背面满刷氟化钠防腐剂） 3. 30×40 木龙骨@400 架空，表面刷防腐剂 4. 0.2 厚聚酯防潮层 5. 20 厚 1：2.5 水泥砂浆找平	
		6. 60 厚 C15 混凝土垫层 7. 素土夯实	6. 现浇钢筋混凝土楼板或预制楼板现浇叠合层
	 地面　楼面	1. 200μm 厚聚酯漆或聚氨酯漆 2. 20 厚竹木地板（背面满刷氟化钠防腐剂） 3. 30×40 木龙骨@400 架空，表面刷防腐剂 4. 0.2 厚聚酯防潮层 5. 20 厚 1：2.5 水泥砂浆找平	
		6. 60 厚 C15 混凝土垫层 7. 150 厚碎石夯入土中	6. 60 厚 LC7.5 轻集料混凝土 7. 现浇钢筋混凝土楼板或预制楼板现浇叠合层
	 地面　楼面	1. 200μm 厚聚酯漆或聚氨酯漆 2. 20 厚竹木地板（背面满刷氟化钠防腐剂） 3. 30×40 木龙骨@400 架空，表面刷防腐剂 4. 0.2 厚聚酯防潮层 5. 20 厚 1：2.5 水泥砂浆找平	
		6. 60 厚 C15 混凝土垫层 7. 150 厚粒径 5～32 卵石（碎石）灌 M2.5 混合砂浆振捣密实或 3：7 灰土 8. 素土夯实	6. 60 厚 1：6 水泥焦渣填充层 7. 现浇钢筋混凝土楼板或预制楼板现浇叠合层

名称	简图	构造作法	
		地面	楼面
单层长条硬木楼地面（有龙骨，燃烧性能等级B₂）		1. 地板漆两道 2. 100×18 长条硬木地板（背面满刷氟化钠防腐剂） 3. 30×40 木龙骨@400 架空 20，表面刷防腐剂	
		4. 60 厚 C15 混凝土垫层 5. 素土夯实	4. 现浇钢筋混凝土楼板或预制楼板现浇叠合层
		1. 地板漆两道 2. 100×18 长条硬木地板（背面满刷氟化钠防腐剂） 3. 30×40 木龙骨@400 架空 20，表面刷防腐剂	
		4. 60 厚 C15 混凝土垫层 5. 150 厚碎石夯入土中	4. 60 厚 LC7.5 轻集料混凝土 5. 现浇钢筋混凝土楼板或预制楼板现浇叠合层
		1. 地板漆两道 2. 100×18 长条硬木地板（背面满刷氟化钠防腐剂） 3. 30×40 木龙骨@400 架空 20，表面刷防腐剂	
		4. 60 厚 C15 混凝土垫层 5. 150 厚粒径 5～32 卵石（碎石）灌 M2.5 混合砂浆振捣密实或 3：7 灰土 6. 素土夯实	4. 60 厚 1：6 水泥焦渣填充层 5. 现浇钢筋混凝土楼板或预制楼板现浇叠合层
双层长条硬木楼地面（有龙骨，燃烧性能等级B₂）		1. 地板漆两道（地板成品已带油漆的无此道工序） 2. 50×18 长条企口拼花地板（背面满刷氟化钠防腐剂） 3. 18 厚松木毛底 45°斜铺（稀铺），上铺防潮卷材一层 4. 30×40 木龙骨@400 架空 20，表面刷防腐剂	
		5. 60 厚 C15 混凝土垫层 6. 素土夯实	5. 现浇钢筋混凝土楼板或预制楼板现浇叠合层
		1. 地板漆两道（地板成品已带油漆的无此道工序） 2. 50×18 长条企口拼花地板（背面满刷氟化钠防腐剂） 3. 18 厚松木毛底 45°斜铺（稀铺），上铺防潮卷材一层 4. 30×40 木龙骨@400 架空 20，表面刷防腐剂	
		5. 60 厚 C15 混凝土垫层 6. 150 厚碎石夯入土中	5. 60 厚 LC7.5 轻集料混凝土 6. 现浇钢筋混凝土楼板或预制楼板现浇叠合层

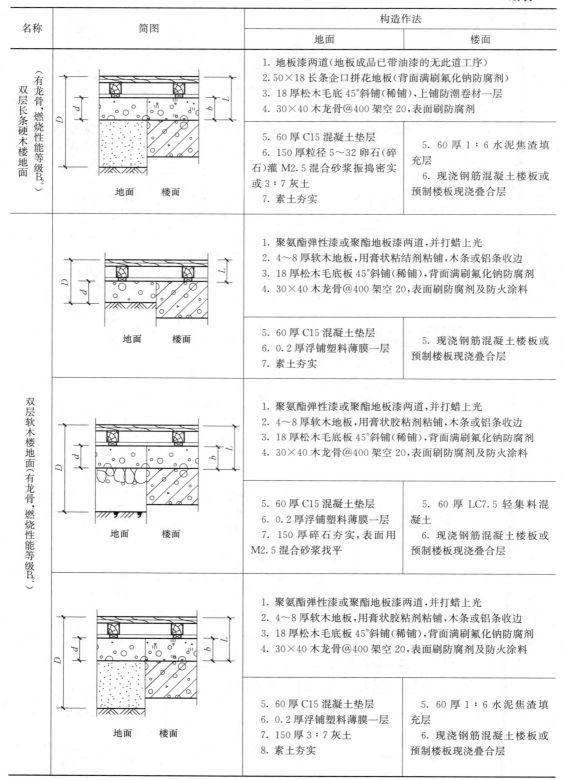

名称	简图	构造作法	
		地面	楼面
双层长条硬木楼地面（有龙骨，燃烧性能等级B₂）	地面　　楼面	1. 地板漆两道（地板成品已带油漆的无此道工序） 2. 50×18 长条企口拼花地板（背面满刷氟化钠防腐剂） 3. 18 厚松木毛底 45°斜铺（稀铺），上铺防潮卷材一层 4. 30×40 木龙骨@400 架空 20，表面刷防腐剂	
		5. 60 厚 C15 混凝土垫层 6. 150 厚粒径 5～32 卵石（碎石）灌 M2.5 混合砂浆振捣密实或 3:7 灰土 7. 素土夯实	5. 60 厚 1:6 水泥焦渣填充层 6. 现浇钢筋混凝土楼板或预制楼板现浇叠合层
双层软木楼地面（有龙骨，燃烧性能等级B₂）	地面　　楼面	1. 聚氨酯弹性漆或聚酯地板漆两道，并打蜡上光 2. 4～8 厚软木地板，用膏状胶粘结剂粘铺，木条或铝条收边 3. 18 厚松木毛底板 45°斜铺（稀铺），背面满刷氟化钠防腐剂 4. 30×40 木龙骨@400 架空 20，表面刷防腐剂及防火涂料	
		5. 60 厚 C15 混凝土垫层 6. 0.2 厚浮铺塑料薄膜一层 7. 素土夯实	5. 现浇钢筋混凝土楼板或预制楼板现浇叠合层
	地面　　楼面	1. 聚氨酯弹性漆或聚酯地板漆两道，并打蜡上光 2. 4～8 厚软木地板，用膏状胶粘剂粘铺，木条或铝条收边 3. 18 厚松木毛底板 45°斜铺（稀铺），背面满刷氟化钠防腐剂 4. 30×40 木龙骨@400 架空 20，表面刷防腐剂及防火涂料	
		5. 60 厚 C15 混凝土垫层 6. 0.2 厚浮铺塑料薄膜一层 7. 150 厚碎石夯实，表面用 M2.5 混合砂浆找平	5. 60 厚 LC7.5 轻集料混凝土 6. 现浇钢筋混凝土楼板或预制楼板现浇叠合层
	地面　　楼面	1. 聚氨酯弹性漆或聚酯地板漆两道，并打蜡上光 2. 4～8 厚软木地板，用膏状胶粘剂粘铺，木条或铝条收边 3. 18 厚松木毛底板 45°斜铺（稀铺），背面满刷氟化钠防腐剂 4. 30×40 木龙骨@400 架空 20，表面刷防腐剂及防火涂料	
		5. 60 厚 C15 混凝土垫层 6. 0.2 厚浮铺塑料薄膜一层 7. 150 厚 3:7 灰土 8. 素土夯实	5. 60 厚 1:6 水泥焦渣填充层 6. 现浇钢筋混凝土楼板或预制楼板现浇叠合层

名称	简图	构造作法	
		地面	楼面
双层塑胶软木楼地面（有龙骨，燃烧性能等级B$_2$）	地面　楼面	1. 聚氨酯弹性漆或聚酯地板漆两道，并打蜡上光 2. 2.5～6厚塑胶软木地板，用膏状胶粘剂粘铺，木条或铝条收边 3. 18厚松木毛底板45°斜铺（稀铺），背面满刷氟化钠防腐剂上铺防潮卷材一层 4. 30×40木龙骨@400架空20，表面刷防腐剂及防火涂料	
		5. 60厚C15混凝土垫层 6. 0.2厚浮铺塑料薄膜一层 7. 素土夯实	5. 现浇钢筋混凝土楼板或预制楼板现浇叠合层
	地面　楼面	1. 聚氨酯弹性漆或聚酯地板漆两道，并打蜡上光 2. 2.5～6厚塑胶软木地板，用膏状胶粘剂粘铺，木条或铝条收边 3. 18厚松木毛底板45°斜铺（稀铺），背面满刷氟化钠防腐剂上铺防潮卷材一层 4. 30×40木龙骨@400架空20，表面刷防腐剂及防火涂料	
		5. 60厚C15混凝土垫层 6. 0.2厚浮铺塑料薄膜一层 7. 150厚碎石夯实，表面用M2.5混合砂浆找平	5. 60厚LC7.5轻集料混凝土 6. 现浇钢筋混凝土楼板或预制楼板现浇叠合层
	地面　楼面	1. 聚氨酯弹性漆或聚酯地板漆两道，并打蜡上光 2. 2.5～6厚塑胶软木地板，用膏状胶粘剂粘铺，木条或铝条收边 3. 18厚松木毛底板45°斜铺（稀铺），背面满刷氟化钠防腐剂上铺防潮卷材一层 4. 30×40木龙骨@400架空20，表面刷防腐剂及防火涂料	
		5. 60厚C15混凝土垫层 6. 0.2厚浮铺塑料薄膜一层 7. 150厚3:7灰土或5～32卵石灌M2.5混合砂浆振捣密实 8. 素土夯实	5. 60厚1:6水泥焦渣填充层 6. 现浇钢筋混凝土楼板或预制楼板现浇叠合层
双层软木楼地面（燃烧性能等级B$_2$）	地面　楼面	1. 聚氨酯弹性漆或聚酯地板漆两道，并打蜡上光 2. 4～8厚软木地板，用膏状胶粘剂粘铺，木条或铝条收边 3. 18厚松木毛底板45°斜铺（稀铺），背面满刷氟化钠防腐剂上铺防潮卷材一层，水泥钉固定 4. 20厚1:3水泥砂浆找平 5. 水泥浆一道（内掺建筑胶）	
		6. 60厚C15混凝土垫层 7. 0.2厚浮铺塑料薄膜一层 8. 素土夯实	6. 现浇钢筋混凝土楼板或预制楼板现浇叠合层

续表

名称	简图	构造作法	
		地面	楼面
双层软木楼地面（燃烧性能等级 B_2）	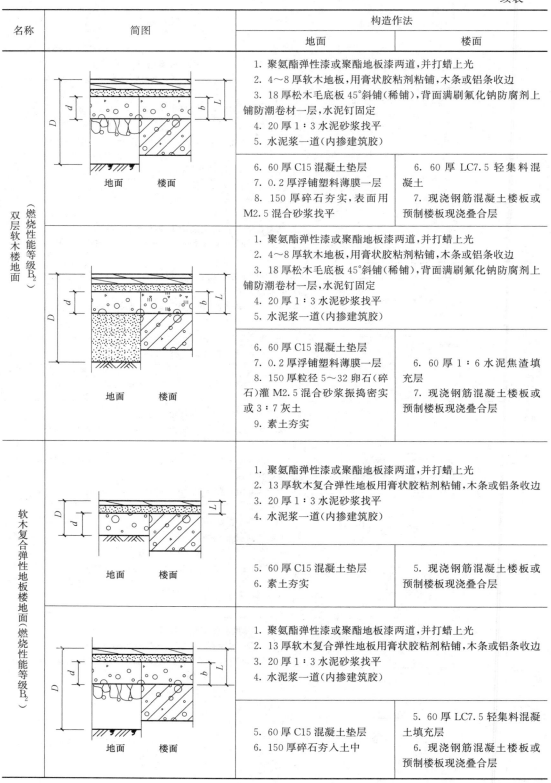	1. 聚氨酯弹性漆或聚酯地板漆两道，并打蜡上光 2. 4～8 厚软木地板，用膏状胶粘剂粘铺，木条或铝条收边 3. 18 厚松木毛底板 45°斜铺（稀铺），背面满刷氟化钠防腐剂上铺防潮卷材一层，水泥钉固定 4. 20 厚 1:3 水泥砂浆找平 5. 水泥浆一道（内掺建筑胶）	
		6. 60 厚 C15 混凝土垫层 7. 0.2 厚浮铺塑料薄膜一层 8. 150 厚碎石夯实，表面用 M2.5 混合砂浆找平	6. 60 厚 LC7.5 轻集料混凝土 7. 现浇钢筋混凝土楼板或预制楼板现浇叠合层
		1. 聚氨酯弹性漆或聚酯地板漆两道，并打蜡上光 2. 4～8 厚软木地板，用膏状胶粘剂粘铺，木条或铝条收边 3. 18 厚松木毛底板 45°斜铺（稀铺），背面满刷氟化钠防腐剂上铺防潮卷材一层，水泥钉固定 4. 20 厚 1:3 水泥砂浆找平 5. 水泥浆一道（内掺建筑胶）	
		6. 60 厚 C15 混凝土垫层 7. 0.2 厚浮铺塑料薄膜一层 8. 150 厚粒径 5～32 卵石（碎石）灌 M2.5 混合砂浆振捣密实或 3:7 灰土 9. 素土夯实	6. 60 厚 1:6 水泥焦渣填充层 7. 现浇钢筋混凝土楼板或预制楼板现浇叠合层
软木复合弹性地板楼地面（燃烧性能等级 B_2）		1. 聚氨酯弹性漆或聚酯地板漆两道，并打蜡上光 2. 13 厚软木复合弹性地板用膏状胶粘剂粘铺，木条或铝条收边 3. 20 厚 1:3 水泥砂浆找平 4. 水泥浆一道（内掺建筑胶）	
		5. 60 厚 C15 混凝土垫层 6. 素土夯实	5. 现浇钢筋混凝土楼板或预制楼板现浇叠合层
		1. 聚氨酯弹性漆或聚酯地板漆两道，并打蜡上光 2. 13 厚软木复合弹性地板用膏状胶粘剂粘铺，木条或铝条收边 3. 20 厚 1:3 水泥砂浆找平 4. 水泥浆一道（内掺建筑胶）	
		5. 60 厚 C15 混凝土垫层 6. 150 厚碎石夯入土中	5. 60 厚 LC7.5 轻集料混凝土填充层 6. 现浇钢筋混凝土楼板或预制楼板现浇叠合层

续表

名称	简图	构造作法	
		地面	楼面
软木复合弹性地板楼地面（燃烧性能等级B₂）	地面　楼面	1. 聚氨酯弹性漆或聚酯地板漆两道,并打蜡上光 2. 13厚软木复合弹性地板用膏状胶粘剂粘铺,木条或铝条收边 3. 20厚1:3水泥砂浆找平 4. 水泥浆一道(内掺建筑胶)	
		5. 60厚C15混凝土垫层 6. 150厚粒径5～32卵石(碎石)灌M2.5混合砂浆振捣密实或3:7灰土 7. 素土夯实	5. 60厚1:6水泥焦渣填充层 6. 现浇钢筋混凝土楼板或预制楼板现浇叠合层
单层塑胶软木楼地面（燃烧性能等级B₂）	地面　楼面	1. 聚氨酯弹性漆或聚酯地板漆两道,并打蜡上光 2. 2.5～6厚塑胶软木地板,用胶粘剂粘铺,木条或铝条收边 3. 20厚1:3水泥砂浆找平 4. 水泥浆一道(内掺建筑胶)	
		5. 60厚C15混凝土垫层 6. 0.2厚浮铺塑料薄膜一层 7. 素土夯实	5. 现浇钢筋混凝土楼板或预制楼板现浇叠合层
	地面　楼面	1. 聚氨酯弹性漆或聚酯地板漆两道,并打蜡上光 2. 2.5～6厚塑胶软木地板,用胶粘剂粘铺,木条或铝条收边 3. 20厚1:3水泥砂浆找平 4. 水泥浆一道(内掺建筑胶)	
		5. 60厚C15混凝土垫层 6. 0.2厚浮铺塑料薄膜一层 7. 150厚碎石夯实,表面用M2.5混合砂浆找平	5. 60厚LC7.5轻集料混凝土填充层 6. 现浇钢筋混凝土楼板或预制楼板现浇叠合层
	地面　楼面	1. 聚氨酯弹性漆或聚酯地板漆两道,并打蜡上光 2. 2.5～6厚塑胶软木地板,用胶粘剂粘铺,木条或铝条收边 3. 20厚1:3水泥砂浆找平 4. 水泥浆一道(内掺建筑胶)	
		5. 60厚C15混凝土垫层 6. 0.2厚浮铺塑料薄膜一层 7. 150厚粒径5～32卵石(碎石)灌M2.5混合砂浆振捣密实或3:7灰土 8. 素土夯实	5. 60厚1:6水泥焦渣填充层 6. 现浇钢筋混凝土楼板或预制楼板现浇叠合层

续表

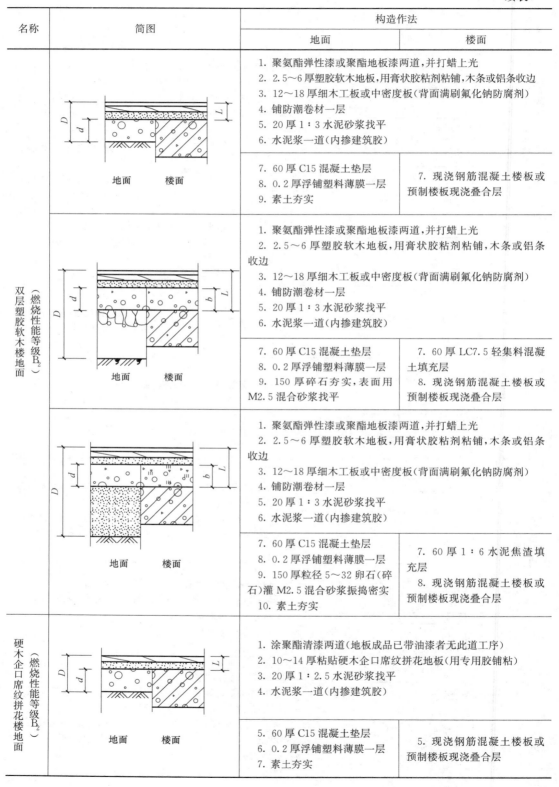

名称	简图	构造作法	
		地面	楼面
		1. 聚氨酯弹性漆或聚酯地板漆两道,并打蜡上光 2. 2.5～6厚塑胶软木地板,用膏状胶粘剂粘铺,木条或铝条收边 3. 12～18厚细木工板或中密度板(背面满刷氟化钠防腐剂) 4. 铺防潮卷材一层 5. 20厚1:3水泥砂浆找平 6. 水泥浆一道(内掺建筑胶)	
		7. 60厚C15混凝土垫层 8. 0.2厚浮铺塑料薄膜一层 9. 素土夯实	7. 现浇钢筋混凝土楼板或预制楼板现浇叠合层
双层塑胶软木楼地面 (燃烧性能等级B₂)		1. 聚氨酯弹性漆或聚酯地板漆两道,并打蜡上光 2. 2.5～6厚塑胶软木地板,用膏状胶粘剂粘铺,木条或铝条收边 3. 12～18厚细木工板或中密度板(背面满刷氟化钠防腐剂) 4. 铺防潮卷材一层 5. 20厚1:3水泥砂浆找平 6. 水泥浆一道(内掺建筑胶)	
		7. 60厚C15混凝土垫层 8. 0.2厚浮铺塑料薄膜一层 9. 150厚碎石夯实,表面用M2.5混合砂浆找平	7. 60厚LC7.5轻集料混凝土填充层 8. 现浇钢筋混凝土楼板或预制楼板现浇叠合层
		1. 聚氨酯弹性漆或聚酯地板漆两道,并打蜡上光 2. 2.5～6厚塑胶软木地板,用膏状胶粘剂粘铺,木条或铝条收边 3. 12～18厚细木工板或中密度板(背面满刷氟化钠防腐剂) 4. 铺防潮卷材一层 5. 20厚1:3水泥砂浆找平 6. 水泥浆一道(内掺建筑胶)	
		7. 60厚C15混凝土垫层 8. 0.2厚浮铺塑料薄膜一层 9. 150厚粒径5～32卵石(碎石)灌M2.5混合砂浆振捣密实 10. 素土夯实	7. 60厚1:6水泥焦渣填充层 8. 现浇钢筋混凝土楼板或预制楼板现浇叠合层
硬木企口席纹拼花楼地面 (燃烧性能等级B₂)		1. 涂聚酯清漆两道(地板成品已带油漆者无此道工序) 2. 10～14厚粘贴硬木企口席纹拼花地板(用专用胶铺粘) 3. 20厚1:2.5水泥砂浆找平 4. 水泥浆一道(内掺建筑胶)	
		5. 60厚C15混凝土垫层 6. 0.2厚浮铺塑料薄膜一层 7. 素土夯实	5. 现浇钢筋混凝土楼板或预制楼板现浇叠合层

名称	简图	构造作法	
		地面	楼面
硬木企口席纹拼花楼地面（燃烧性能等级B₂）	地面　楼面	1. 涂聚酯清漆两道(地板成品已带油漆者无此道工序) 2. 10～14厚粘贴硬木企口席纹拼花地板(用专用胶铺粘) 3. 20厚1:2.5水泥砂浆找平 4. 水泥浆一道(内掺建筑胶)	
		5. 60厚C15混凝土垫层 6. 0.2厚浮铺塑料薄膜一层 7. 150厚碎石夯实	5. 60厚LC7.5轻集料混凝土填充层 6. 现浇钢筋混凝土楼板或预制楼板现浇叠合层
	地面　楼面	1. 涂聚酯清漆两道(地板成品已带油漆者无此道工序) 2. 10～14厚粘贴硬木企口席纹拼花地板(用专用胶铺粘) 3. 20厚1:2.5水泥砂浆找平 4. 水泥浆一道(内掺建筑胶)	
		5. 60厚C15混凝土垫层 6. 0.2厚浮铺塑料薄膜一层 7. 150厚3:7灰土 8. 素土夯实	5. 60厚1:6水泥焦渣填充层 6. 现浇钢筋混凝土楼板或预制楼板现浇叠合层
强化复合木地板楼地面(燃烧性能等级B₂)	地面　楼面	1. 10厚企口强化复合木地板 2. 3～5厚泡沫塑料衬垫 3. 20厚1:2.5水泥砂浆找平 4. 水泥浆一道(内掺建筑胶)	
		5. 60厚C15混凝土垫层 6. 素土夯实	5. 现浇钢筋混凝土楼板或预制楼板现浇叠合层
	地面　楼面	1. 10厚企口强化复合木地板 2. 3～5厚泡沫塑料衬垫 3. 20厚1:2.5水泥砂浆找平 4. 水泥浆一道(内掺建筑胶)	
		5. 60厚C15混凝土垫层 6. 150厚碎石夯入土中	5. 60厚LC7.5轻集料混凝土填充层 6. 现浇钢筋混凝土楼板或预制楼板现浇叠合层

名称	简图	构造作法	
		地面	楼面
强化复合木地板楼地面（燃烧性能等级B₂）	地面　楼面	1. 10 厚企口强化复合木地板 2. 3～5 厚泡沫塑料衬垫 3. 20 厚 1∶2.5 水泥砂浆找平 4. 水泥浆一道（内掺建筑胶）	
		5. 60 厚 C15 混凝土垫层 6. 150 厚 3∶7 灰土或粒径 5～32 卵石（碎石）灌 M2.5 混合砂浆振捣密实 7. 素土夯实	5. 60 厚 1∶6 水泥焦渣填充层 6. 现浇钢筋混凝土楼板或预制楼板现浇叠合层
强化复合双层木地板楼地面（燃烧性能等级B₂）	地面　楼面	1. 8 厚企口强化复合木地板 2. 3～5 厚泡沫塑料衬垫 3. 12～18 细木工板或中密度板（背面满刷防腐剂） 4. 20 厚 1∶2.5 水泥砂浆找平 5. 水泥浆一道（内掺建筑胶）	
		6. 60 厚 C15 混凝土垫层 7. 素土夯实	6. 现浇钢筋混凝土楼板或预制楼板现浇叠合层
	地面　楼面	1. 8 厚企口强化复合木地板 2. 3～5 厚泡沫塑料衬垫 3. 12～18 细木工板或中密度板（背面满刷防腐剂） 4. 20 厚 1∶2.5 水泥砂浆找平	
		5. 水泥浆一道（内掺建筑胶） 6. 60 厚 C15 混凝土垫层 7. 150 厚碎石夯实	5. 60 厚 LC7.5 轻集料混凝土填充层 6. 现浇钢筋混凝土楼板或预制楼板现浇叠合层
	地面　楼面	1. 8 厚企口强化复合木地板 2. 3～5 厚泡沫塑料衬垫 3. 12～18 细木工板或中密度板（背面满刷防腐剂） 4. 20 厚 1∶2.5 水泥砂浆找平	
		5. 水泥浆一道（内掺建筑胶） 6. 60 厚 C15 混凝土垫层 7. 150 厚 3∶7 灰土或粒径 5～32 卵石（碎石）灌 M2.5 混合砂浆振捣密实 8. 素土夯实	5. 60 厚 LC7.5 轻集料混凝土填充层 6. 现浇钢筋混凝土楼板或预制楼板现浇叠合层

名称	简图	构造作法	
		地面	楼面
浴厕防水木地板楼地面（燃烧性能等级B₂）	地面　楼面	1. 14 厚 300×300 木地板 2. 12 厚 300×300 塑料扣脚 3. 20 厚 1：2.5 水泥砂浆保护层 4. 1.5 厚聚氨酯防水层 5. 1：3 水泥砂浆或最薄处 30 厚 C20 细石混凝土找坡层找平 6. 水泥浆一道（内掺建筑胶）	
		7. 60 厚 C15 混凝土垫层 8. 素土夯实	7. 现浇钢筋混凝土楼板
	地面　楼面	1. 14 厚 300×300 木地板 2. 12 厚 300×300 塑料扣脚 3. 20 厚 1：2.5 水泥砂浆保护层 4. 1.5 厚聚氨酯防水层 5. 1：3 水泥砂浆或最薄处 30 厚 C20 细石混凝土找坡层	
		6. 水泥浆一道（内掺建筑胶） 7. 60 厚 C15 混凝土垫层 8. 150 厚碎石夯入土中	6. 60 厚 LC7.5 轻集料混凝土填充层 7. 现浇钢筋混凝土楼板
	地面　楼面	1. 14 厚 300×300 木地板 2. 12 厚 300×300 塑料扣脚 3. 20 厚 1：2.5 水泥砂浆保护层 4. 1.5 厚聚氨酯防水层 5. 1：3 水泥砂浆或最薄处 30 厚 C20 细石混凝土找坡层	
		6. 水泥浆一道（内掺建筑胶） 7. 60 厚 C15 混凝土垫层 8. 150 厚粒径 5～32 卵石（碎石）灌 M2.5 混合砂浆振捣密实或 3：7 灰土	6. 60 厚 1：6 水泥焦渣填充层 7. 现浇钢筋混凝土楼板
细石混凝土面层保温楼地面（燃烧性能等级A）	地面　楼面	1. 40 厚 C20 细石混凝土,表面撒 1：1 水泥砂子随打随抹光,内配 φ4@150 钢丝网片 2. 0.2 厚聚乙烯膜浮铺 3. δ 厚聚苯乙烯泡沫板保温层按设计定 4. 0.2 厚聚乙烯膜浮铺 5. 20 厚 1：3 水泥砂浆找平 6. 水泥浆一道（内掺建筑胶）	
		7. 60 厚 C15 混凝土垫层 8. 素土夯实	7. 现浇钢筋混凝土楼板或预制楼板现浇叠合层

续表

名称	简图	构造作法	
		地面	楼面
细石混凝土面层保温楼地面（燃烧性能等级A）	 地面　　楼面	1. 40厚C20细石混凝土,表面撒1:1水泥砂子随打随抹光,内配 $\phi4@150$ 钢丝网片 2. 0.2厚聚乙烯膜浮铺 3. δ厚加气混凝土块用M5砂浆砌筑,按设计定 4. 0.2厚聚乙烯膜浮铺	
		5. 60厚C15混凝土垫层 6. 素土夯实	5. 现浇钢筋混凝土楼板或预制楼板现浇叠合层
	  地面　　楼面	1. 40厚C20细石混凝土,表面撒1:1水泥砂子随打随抹光,内配 $\phi4@150$ 钢丝网片 2. 0.2厚聚乙烯膜浮铺 3. δ厚MU3.5水泥膨胀蛭石保温块,按设计定 4. 0.2厚聚乙烯膜浮铺	
		5. 60厚C15混凝土垫层 6. 素土夯实	5. 现浇钢筋混凝土楼板或预制楼板现浇叠合层
地砖面层保温楼地面（燃烧性能等级A）	 地面　　楼面	1. 10厚地砖,干水泥擦缝 2. 20厚1:3干硬性水泥砂浆结合层 3. 水泥浆一道 4. 40厚C20细石混凝土,内配 $\phi4@150$ 钢丝网片 5. 0.2厚聚乙烯膜浮铺 6. δ厚聚苯乙烯泡沫板保温层 7. 0.2厚聚乙烯膜浮铺	
		8. 60厚C15混凝土垫层 9. 素土夯实	8. 现浇钢筋混凝土楼板或预制楼板现浇叠合层
	  地面　　楼面	1. 10厚地砖,干水泥擦缝 2. 20厚1:3干硬性水泥砂浆结合层 3. 水泥浆一道 4. 40厚C20细石混凝土,内配 $\phi4@150$ 钢丝网片 5. 0.2厚聚乙烯膜浮铺 6. δ厚加气混凝土块用配套砂浆砌筑 7. 0.2厚聚乙烯膜浮铺	
		8. 60厚C15混凝土垫层 9. 素土夯实	8. 现浇钢筋混凝土楼板或预制楼板现浇叠合层

续表

名称	简图	构造作法	
		地面	楼面
地砖面层保温楼地面（燃烧性能等级A）	地面　楼面	1. 10厚地砖,干水泥擦缝 2. 20厚1:3干硬性水泥砂浆结合层 3. 水泥浆一道 4. 40厚C20细石混凝土,内配φ4@150钢丝网片 5. 0.2厚聚乙烯膜浮铺 6. δ厚MU3.5水泥膨胀蛭石保温块 7. 0.2厚聚乙烯膜浮铺	
		8. 60厚C15混凝土垫层 9. 素土夯实	8. 现浇钢筋混凝土楼板或预制楼板现浇叠合层
保温楼面（板上设）		1. 10厚地砖,干水泥擦缝 2. 20厚水泥砂浆找平层 3. 40厚C20细石混凝土,内配φ4@150钢丝网片 4. δ厚挤塑聚苯板(XPS)保温层 5. 钢筋混凝土楼板	
		1. 18厚实木地板 2. 30×40杉木龙骨@400与楼面固定(填岩棉或玻璃棉板表面包防潮膜) 3. 20厚水泥砂浆找平层 4. 钢筋混凝土楼板	
		1. 12厚实木地板 2. 15厚细木工板 3. 30×40杉木龙骨@400与楼面固定(填岩棉或玻璃棉板表面包防潮膜) 4. 20厚水泥砂浆找平层 5. 钢筋混凝土楼板	
		1. 20厚水泥砂浆面层 2. 40厚C20细石混凝土,内配φ4@150钢丝网片 3. 0.2厚聚乙烯膜浮铺 4. δ厚保温层(高强度珍珠岩板、乳化沥青珍珠岩板或复合硅酸盐板) 5. 20厚水泥砂浆找平层 6. 钢筋混凝土楼板	
保温楼面（板下设）		1. 面层(由设计人定) 2. 钢筋混凝土楼板 3. δ厚玻璃棉板保温层干密度≥100kg/m³ 4. 轻钢龙骨石膏板吊顶见工程设计	

名称	简图	构造作法	
		地面	楼面
保温楼面（板下设）		1. 面层（由设计人定） 2. 钢筋混凝土楼板 3. δ厚岩棉板保温层干密度≥100kg/m³ 4. 轻钢龙骨石膏板吊顶见工程设计	
		1. 钢筋混凝土楼板 2. δ厚 EPS 颗粒保温浆料 3. 5 厚聚合物水泥砂浆（压入涂塑耐碱玻璃纤维网格布）	
		1. 面层（由设计人定） 2. 钢筋混凝土楼板 3. 喷涂界面剂 4. δ厚超细无机纤维喷涂 5. 轻钢龙骨石膏板吊顶见工程设计	
地砖面层采暖楼地面（燃烧性能等级A）	 地面　　楼面	1. 8～10 厚地砖,干水泥擦缝 2. 20 厚 1：3 干硬性水泥砂浆结合层 3. 水泥浆一道（内掺建筑胶） 4. 60 厚细石混凝土（上下配 φ3@50 钢丝网片,中间配散热管） 5. 0.2 厚真空镀铝聚酯薄膜 6. 20 厚聚苯乙烯泡沫板（密度≥20kg/m³） 7. 1.5 厚聚氨酯涂料防潮层 8. 20 厚 1：3 水泥砂浆找平层	
		9. 60 厚 C15 混凝土垫层 10. 素土夯实	9. 现浇钢筋混凝土楼板或预制楼板现浇叠合层
	 地面　　楼面	1. 8～10 厚地砖,干水泥擦缝 2. 20 厚 1：3 干硬性水泥砂浆结合层 3. 水泥浆一道（内掺建筑胶） 4. 60 厚细石混凝土（上下配 φ3@50 钢丝网片,中间配散热管） 5. 0.2 厚真空镀铝聚酯薄膜 6. 20 厚聚苯乙烯泡沫板（密度≥20kg/m³） 7. 1.5 厚聚氨酯涂料防潮层 8. 20 厚 1：3 水泥砂浆找平层	
		9. 60 厚 C15 混凝土垫层 10. 150 厚碎石夯入土中	9. 60 厚 LC7.5 轻集料混凝土填充层 10. 现浇钢筋混凝土楼板或预制楼板现浇叠合层

续表

名称	简图	构造作法	
		地面	楼面
地砖面层采暖楼地面（燃烧性能等级A）		1. 8～10 厚地砖,干水泥擦缝 2. 20 厚1:3 干硬性水泥砂浆结合层 3. 水泥浆一道(内掺建筑胶) 4. 60 厚细石混凝土(上下配 φ3@50 钢丝网片,中间配散热管) 5. 0.2 厚真空镀铝聚酯薄膜 6. 20 厚聚苯乙烯泡沫板(密度≥20kg/m³) 7. 1.5 厚聚氨酯涂料防潮层 8. 20 厚1:3 水泥砂浆找平层	
		9. 60 厚 C15 混凝土垫层 10. 150 厚粒径 5～32 卵石(砾石)灌 M2.5 混合砂浆振捣密实或 3:7 灰土 11. 素土夯实	9. 60 厚 1:6 水泥焦渣填充层 10. 现浇钢筋混凝土楼板或预制楼板现浇叠合层
	 地面　　楼面	1. 8～10 厚地砖,干水泥擦缝 2. 20 厚1:3 干硬性水泥砂浆结合层 3. 1.5 厚聚氨酯涂料防水层 4. 最薄处 60 厚细石混凝土(上下配 φ3@50 钢丝网片,中间配散热管),兼做找坡层 5. 0.2 厚真空镀铝聚酯薄膜 6. 20 厚聚苯乙烯泡沫板(密度≥20kg/m³) 7. 1.5 厚聚氨酯涂料防潮层 8. 20 厚1:3 水泥砂浆找平层	
		9. 60 厚 C15 混凝土垫层 10. 素土夯实	9. 现浇钢筋混凝土楼板
	 地面　　楼面	1. 8～10 厚地砖,干水泥擦缝 2. 20 厚1:3 干硬性水泥砂浆结合层 3. 1.5 厚聚氨酯涂料防水层 4. 最薄处 60 厚细石混凝土(上下配 φ3@50 钢丝网片,中间配散热管),兼做找坡层 5. 0.2 厚真空镀铝聚酯薄膜 6. 20 厚聚苯乙烯泡沫板(密度≥20kg/m³) 7. 1.5 厚聚氨酯涂料防潮层 8. 20 厚1:3 水泥砂浆找平层	
		9. 60 厚 C15 混凝土垫层 10. 150 厚碎石夯入土中	9. 60 厚 LC7.5 轻集料混凝土填充层 10. 现浇钢筋混凝土楼板

续表

名称	简图	构造作法	
		地面	楼面
地砖面层采暖楼地面（燃烧性能等级A）	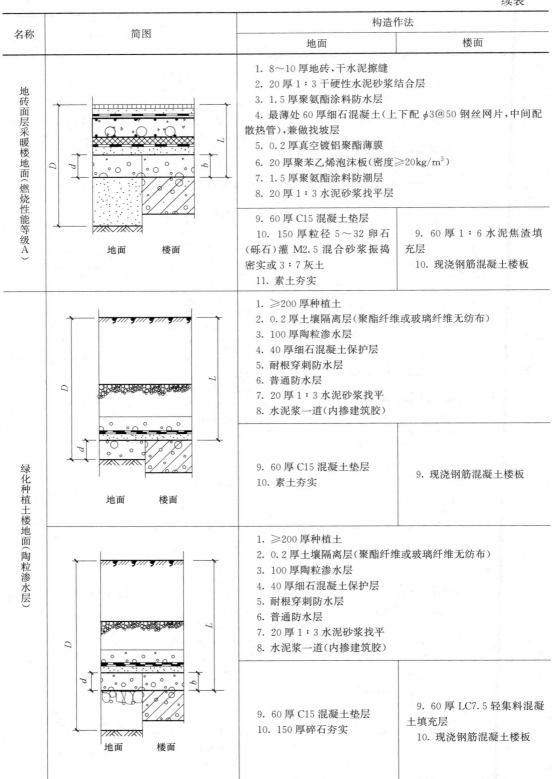	1. 8～10厚地砖，干水泥擦缝 2. 20厚1：3干硬性水泥砂浆结合层 3. 1.5厚聚氨酯涂料防水层 4. 最薄处60厚细石混凝土（上下配ϕ3@50钢丝网片，中间配散热管），兼做找坡层 5. 0.2厚真空镀铝聚酯薄膜 6. 20厚聚苯乙烯泡沫板（密度≥20kg/m³） 7. 1.5厚聚氨酯涂料防潮层 8. 20厚1：3水泥砂浆找平层	
		9. 60厚C15混凝土垫层 10. 150厚粒径5～32卵石（砾石）灌M2.5混合砂浆振捣密实或3：7灰土 11. 素土夯实	9. 60厚1：6水泥焦渣填充层 10. 现浇钢筋混凝土楼板
绿化种植土楼地面（陶粒渗水层）		1. ≥200厚种植土 2. 0.2厚土壤隔离层（聚酯纤维或玻璃纤维无纺布） 3. 100厚陶粒渗水层 4. 40厚细石混凝土保护层 5. 耐根穿刺防水层 6. 普通防水层 7. 20厚1：3水泥砂浆找平 8. 水泥浆一道（内掺建筑胶）	
		9. 60厚C15混凝土垫层 10. 素土夯实	9. 现浇钢筋混凝土楼板
		1. ≥200厚种植土 2. 0.2厚土壤隔离层（聚酯纤维或玻璃纤维无纺布） 3. 100厚陶粒渗水层 4. 40厚细石混凝土保护层 5. 耐根穿刺防水层 6. 普通防水层 7. 20厚1：3水泥砂浆找平 8. 水泥浆一道（内掺建筑胶）	
		9. 60厚C15混凝土垫层 10. 150厚碎石夯实	9. 60厚LC7.5轻集料混凝土填充层 10. 现浇钢筋混凝土楼板

续表

名称	简图	构造作法	
		地面	楼面
绿化种植土楼地面（碎石渗水层）	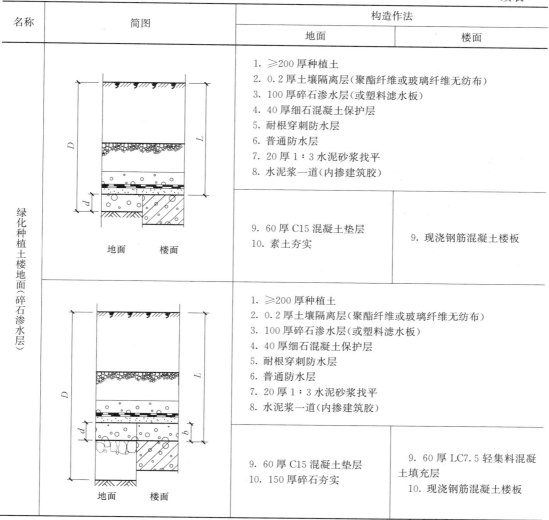	1. ≥200 厚种植土 2. 0.2 厚土壤隔离层（聚酯纤维或玻璃纤维无纺布） 3. 100 厚碎石渗水层（或塑料滤水板） 4. 40 厚细石混凝土保护层 5. 耐根穿刺防水层 6. 普通防水层 7. 20 厚 1∶3 水泥砂浆找平 8. 水泥浆一道（内掺建筑胶）	
		9. 60 厚 C15 混凝土垫层 10. 素土夯实	9. 现浇钢筋混凝土楼板
		1. ≥200 厚种植土 2. 0.2 厚土壤隔离层（聚酯纤维或玻璃纤维无纺布） 3. 100 厚碎石渗水层（或塑料滤水板） 4. 40 厚细石混凝土保护层 5. 耐根穿刺防水层 6. 普通防水层 7. 20 厚 1∶3 水泥砂浆找平 8. 水泥浆一道（内掺建筑胶）	
		9. 60 厚 C15 混凝土垫层 10. 150 厚碎石夯实	9. 60 厚 LC7.5 轻集料混凝土填充层 10. 现浇钢筋混凝土楼板

注：D—地面总厚度；d—垫层厚度；δ—保温层厚度；b—填充层厚度；L—楼面建筑构造总厚度（结构层以上总厚度）；重量系楼面 L 厚度内材料重（未包含 δ 厚保温层重量）。尺寸单位为 mm。

3.4 楼地面工程施工图识图要点

3.4.1 地面布置图

在很多装饰工程施工图集中，由于平面布置图中的要素众多，图中线条紧密，较为复杂，因此就将地面的材料铺设单独画一张图，即为地面布置图。

阅读地面布置图应注意以下方面：

1）地面布置图主要以反映地面装饰分格及材料选用为主，识图时首先要了解建筑平面图的基本内容。

2）通过阅读地面布置图，明确室内楼地面材料选用、颜色与分格尺寸及地面标高等内容；

3）通过阅读地面布置图，明确楼地面拼花造型。

4）阅读地面布置图时，注意索引符号、图名及必要的说明。

现以图 3-3 为例，说明某住宅一楼地面布置图的读图方法和步骤。

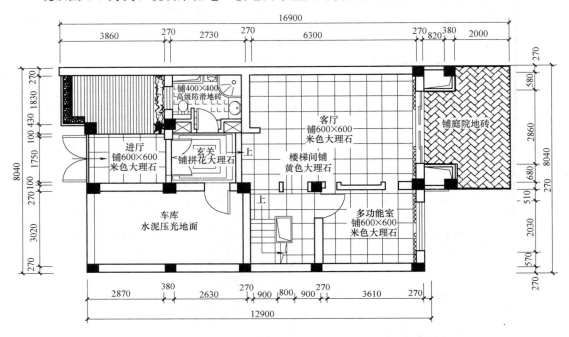

图 3-3　某住宅一楼地面布置图（1∶100）

从图 3-3 可以看出：进厅的地面采用 600mm×600mm 的米色大理石；玄关的地面铺拼花大理石；多功能厅的地面铺设 600mm×600mm 的米色大理石；客厅的地面铺设 600mm×600mm 的米色大理石；卫生间的地面铺 400mm×400mm 防滑地砖；楼梯间的地面铺设黄色大理石；车库的地面用水泥压光地面；绿化房间的地面铺设实木地板；庭院的地面铺庭院地砖。

3.4.2　地面铺贴图

地面铺贴图即为地面装修图、地面材质图等，它主要是指室内地面材料品种、规格、分格以及图案拼花的布置图。地面铺贴图既是施工的重要依据，同时也可作为地面材料采购的参考图样。

阅读地面铺贴图应注意以下方面：

1）阅读地面铺贴图时，应注意不同地面装饰材料的形式及规格，带有地面装饰材料的铺装方式、色彩、种类以及施工工艺要求的文字说明。

2）明确不同地面装饰材料的分格线以及必要的尺寸标注，注意剖切符号、详图索引符号等。

3）如果地面材料的种类、规格等较为简单，地面铺贴图可合并到平面布置图中绘制。

识图时，注意理解它们之间的关系。

4）当平面中各个房间画满相关内容显得比较繁乱时，可在同一房间内地面材质相对比较统一情况下采用折断符号来省略表示一部分地面铺贴材料。识图时，需要注意这一点。

5）地面铺贴图中标高的标注均是以当前楼层室内主体地面为±0.000进行标注的。

6）地面铺装图的识图、绘制步骤与平面布置图的识图比较近似，在读图时应注意不同房间地面材质的种类和规格差异、注意不同界面高差变化情况。

现以图3-4为例，说明某住宅地面铺贴图的读图方法和步骤。

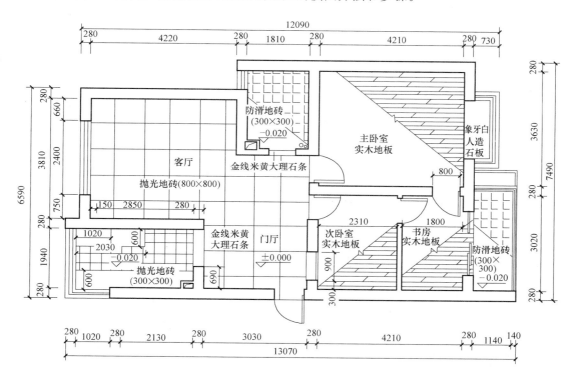

图3-4　某住宅地面铺贴图（1：50）

1）本套住宅户型的室内建筑空间中除了厨房操作台外其他平面都进行了材料铺装。

2）考虑到客厅与门厅公共性很强，这些空间地面采用耐磨、便于清洁、尺寸是800mm×800mm的抛光地板砖来铺贴，厨房铺贴的是300mm×300mm的抛光地板砖。

3）卫生间与阳台地面考虑到防水使用要求所以采用防滑类地板砖来铺贴，规格是300mm×300mm。

4）卧室、书房采用了实木地板拼装地面。

5）卧室窗台采用了象牙白人造石板，厨房和卫生间与客厅之间的门洞过渡地面采用了金线米黄大理石来装饰。

6）厨房、卫生间及阳台地面标高低于主体室内20mm。

3.4.3 底层平面图

阅读底层平面图应注意以下方面：

1）读图名，看比例，辨朝向，识形状。

2）定轴线，明确建筑物墙体厚度、柱子截面尺寸以及墙、柱的平面布置情况，各房间的平面位置，房间的开间、进深尺寸以及门窗的位置、尺寸等。

3）阅读尺寸，判断建筑物建筑面积与使用面积，明确各部位标高。

4）阅读图例与索引，了解细部构造。

5）查阅建筑物附属设施的平面位置。

6）阅读房屋平面图时，除了阅读上述主要内容外，还应核对各部位尺寸看有无矛盾，核对门窗数量与门窗表是否一致，结合建筑设计说明查阅施工以及材料要求等。

现以图 3-5 为例，说明某住宅底层平面图的读图方法和步骤。

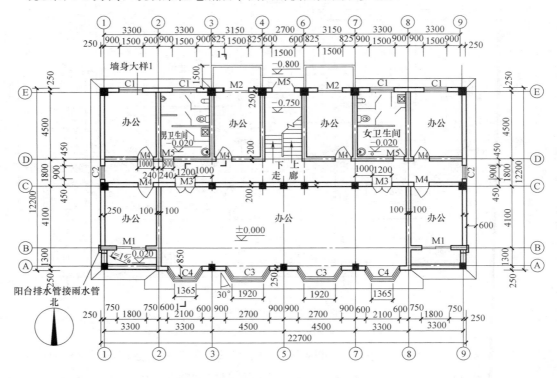

图 3-5　某办公楼底层平面图（1∶100）

1）该楼朝向为坐南朝北，绘图比例是 1∶100。

2）房屋的总长 22.7m，总宽 12.2m。房屋的外墙厚度是 250mm，内墙厚度是 200mm。

3）房屋中间是通长的走廊，走廊将房间分成南北两部分。南边有三间办公室，一大间、两小间；北边有四间办公室，两间卫生间与一间楼梯间。走廊北面东西两侧办公室与卫生间的开间为 3300mm，进深是 4500mm。进楼门 M5 为双扇外开门，宽度为 1500mm。南部办公室通往阳台的门编号 M1，宽度为 1800mm，为推拉门。

北部办公室与卫生间的窗户 C1，宽度 1500mm，走廊窗户 C2，宽度 900mm。室外地坪标高－0.800m，室内外高差 800mm。楼梯入口处标高－0.750m。卫生间标高为－0.020m，比室内地面低 20mm。

　　4）房屋四周为散水，宽度为 600mm。

3.4.4　楼地面平面图

　　阅读楼地面平面图应注意以下方面：

　　1）楼地面平面图主要以反映地面装饰分格、材料选用为主，阅读时首先了解建筑平面图的基本内容。

　　2）通过阅读楼地面平面图，明确室内楼地面材料选用、颜色与分格尺寸以及地面标高等内容。

　　3）通过阅读楼地面平面图，明确楼地面拼花造型。

　　4）阅读时，需注意索引符号、图名及必要的文字说明等内容。

　　现以图 3-6 为例，说明某别墅一层地面平面图的读图方法和步骤。

　　1）除卧室地面为胡桃木实木地板外，其他主要房间如客厅、餐厅以及楼梯等为幼点白麻花岗石地面。

　　2）客厅和餐厅为 800mm×800mm 幼点白麻花岗石铺贴，且每间中央都做拼花造型。

　　3）厨房与卫生间铺贴 400mm×400mm 防滑地砖，楼梯台阶也是幼点白麻铺设。

　　4）石材地面均设 120mm 宽黑金砂花岗石走边。

　　5）客厅中央地面做拼花造型。

3.4.5　住宅室内地面结构图

　　阅读住宅室内地面结构图应注意以下方面：

　　1）住宅室内地面结构图主要以反映室内地面的铺装材料和结构为主，识图时首先了解一下结构图的总体情况。

　　2）通过阅读住宅室内地面结构图，明确客厅、卧室、厨房、卫生间等地面铺装材料的品种、规格及数量等内容。

　　现以图 3-7 为例，说明某住宅室内地面结构图的读图方法和步骤。

　　1）入门处和走廊铺装的是花岗石石材，厨房和卫生间铺装的是各种型号的地砖，而其余的卧室和客厅铺装的是长条形的木地板。

　　2）从图中标注的剖面符号来看，住宅内的客厅、卧室等多数房间地面铺装的是条形实木地板面层，其下是一层 18mm 厚的纤维板，而纤维板则是铺装在由 30mm×40mm 的落叶松木材构成的地面龙骨上；入门处和走廊铺装的都是花岗石石材，但铺装有所不同。入门处铺装的石材是属于常规铺装，规格为 800mm×800mm；而走廊铺装的石材需要按照图样所设计的间距进行拼合，是由两种不同的规格的石材拼合成简单的图案，即通常所说的有镶边造型，主材的规格为 700mm×1000mm；厨房和餐厅铺装的是规格为 600mm×600mm 的玻化地砖；右侧卫生间的地面是铺装的是 400mm×400mm 的防滑地砖。而厨房的储藏间和阳台的地面铺装的是 350mm×350mm 普通地砖。

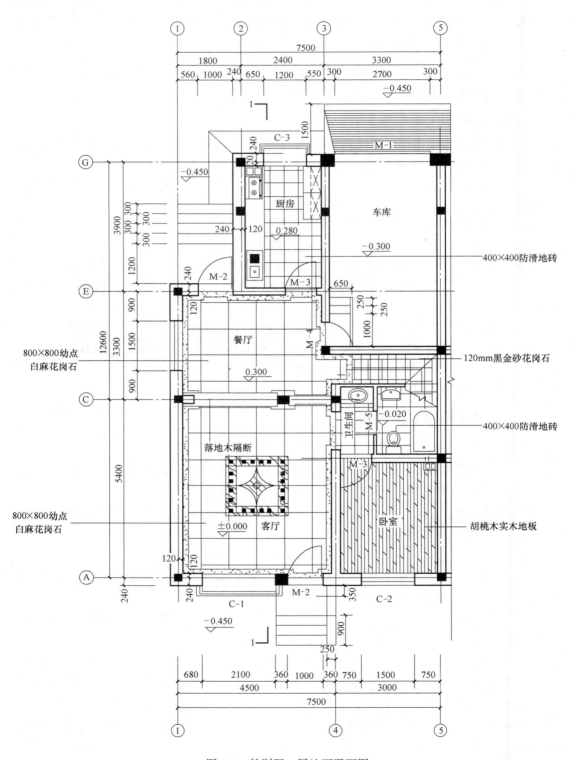

图 3-6　某别墅一层地面平面图

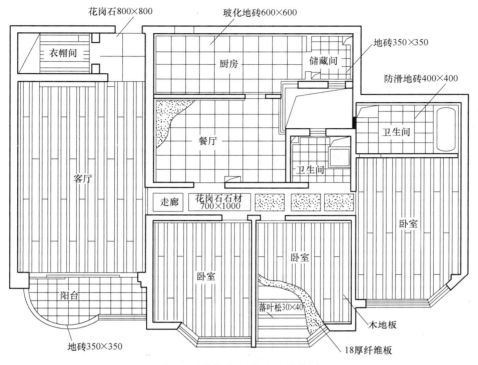

图 3-7　某住宅室内地面结构图

4

墙面装饰施工图识图诀窍

4.1　墙的类型

依据不同的划分方法，墙体有不同的类型。

（1）按照构成墙体的材料与制品分

比较常见的有砖墙、石墙、板材墙、混凝土墙、砌块墙、玻璃幕墙等。

（2）按照墙体的受力情况分

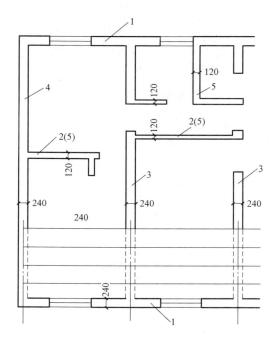

图 4-1　墙的种类

1—纵向外墙；2—纵向内墙；3—横向内墙；4—横向外墙（即山墙）；5—不承重的隔墙

可分为承重墙与非承重墙两类。凡是承担建筑上部构件传来荷载的墙称为承重墙；不承担建筑上部构件传来荷载的墙称为非承重墙。

（3）按照墙体的位置分

可分为内墙与外墙，如图 4-1 所示。

（4）按照墙体的走向分

可分为纵墙与横墙。纵墙是指沿建筑物长轴方向布置的墙；横墙是指沿建筑物短轴方向布置的墙。其中，沿着建筑物横向布置的首尾两端的横墙俗称为山墙；在同一道墙上门窗洞口之间的墙体称为窗间墙；门窗洞口上下的墙体称为窗上或者窗下墙，如图 4-2 所示。

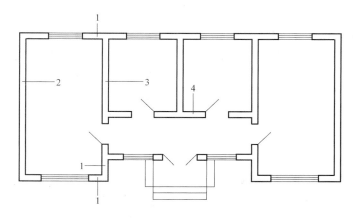

图 4-2　墙体的各部分名称
1—外墙；2—山墙；3—内横墙；4—内纵墙

（5）按照墙体的施工方式与构造分

可分为叠砌式、板筑式与装配式三种。其中，叠砌式是一种传统的砌墙方式，如实砌砖墙、空斗墙及砌块墙等；板筑式的砌墙材料往往是散状或者塑性材料，如夯土墙、滑模或者大模板钢筋混凝土墙；装配式墙是在构件生产厂家事先制作墙体构件，在施工现场进行拼装，例如大板墙、各种幕墙等。

4.2　墙体的作用

墙体是建筑物中重要的构件，其主要作用表现在如下几方面：

（1）承重

承重墙是建筑主要的承重构件，承担建筑地上部分的全部竖向荷载以及风荷载。

（2）围护

外墙是建筑围护结构的主体，其抵御自然界中风、霜、雨、雪以及噪声，保证房间内具有良好的生活环境与工作条件，即起到围护作用。

（3）分隔

墙体是建筑水平方向划分空间的构件，根据使用要求，可以将建筑内部划分成不同的空间，界限室内与室外。

　　大多数墙体并不是经常同时具有上述的三个作用，根据建筑的结构形式与墙体的具体情况，通常只具备其中的一两个作用。

4.3　墙体细部构造

　　墙体的细部构造主要包括防潮层、勒脚、窗台、明沟与散水、过梁、圈梁、构造柱与变形缝等内容。

1. 防潮层

　　在墙身中设置防潮层，可以防止土中的水分与潮气沿基础墙上升和防止勒脚部位的地面水影响墙身，从而提高建筑物的坚固性与耐久性，并且保持室内干燥、卫生。

　　防潮层的位置应该在室内地面与室外地面之间，以在地面垫层中部最为理想。防潮层的构造作法见表 4-1。

防潮层的构造作法 　　　　　　　　　　　　　表 4-1

序号	构造做法	图示	具体要求
1	防水砂浆防潮层	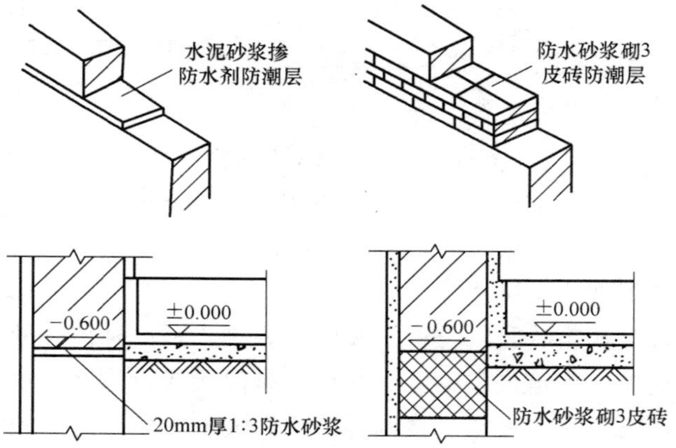	用防水砂浆砌筑 3～5 皮砖，还有一种是抹一层 20mm 的 1：3 水泥砂浆加 5% 防水粉拌合而成的防水砂浆
2	卷材防潮层	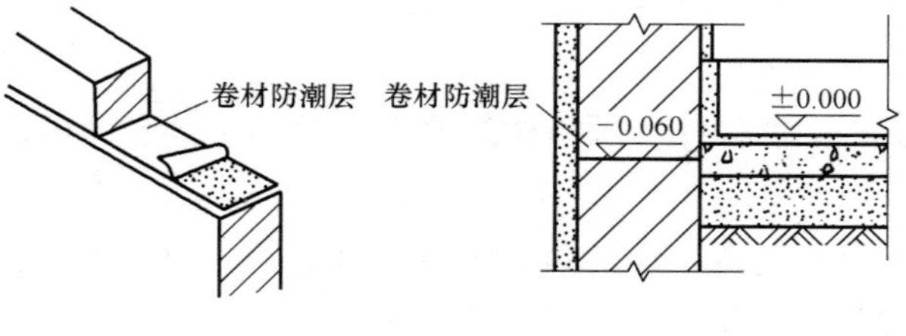	在防潮层部位先抹 20mm 厚的砂浆找平层，然后干铺卷材一层，卷材的宽度应与墙厚一致或稍大些，卷材沿长度铺设，搭接长度大于等于 100mm

序号	构造做法	图示	具体要求
3	混凝土防潮层	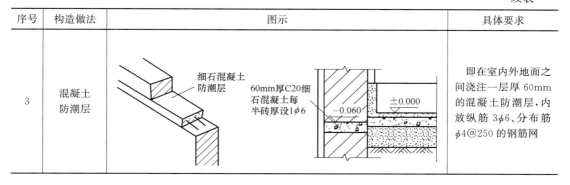	即在室内外地面之间浇注一层厚 60mm 的混凝土防潮层，内放纵筋 $3\phi6$、分布筋 $\phi4@250$ 的钢筋网

2. 勒脚

外墙靠近室外地坪的部分，称为勒脚。勒脚具有保护外墙脚，防止机械碰伤，防止雨水侵蚀而造成墙体风化的作用。因此，要求勒脚应牢固、防潮与防水。勒脚有如下几种作法（图 4-3）。

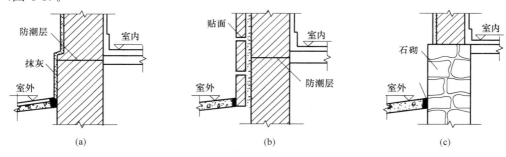

图 4-3　勒脚构造作法
（a）抹灰；（b）贴面；（c）石材砌筑

（1）抹灰

勒脚部位抹 20～30mm 厚 1∶2（或者 1∶2.5）水泥砂浆或者水刷石。

（2）局部墙体加厚

在勒脚部位把墙体加厚 60～120mm，然后再作抹灰处理。

（3）贴面

在勒脚部位镶砌面砖或者天然石材。

3. 窗台

窗洞下部应该分别在墙外与墙内设置窗台，称外窗台和内窗台。外窗台可以及时排除雨水，内窗台可防止该处被碰坏和便于清洗，如图 4-4 所示。

4. 明沟与散水

（1）明沟

又称为阴沟，位于建筑外墙的四周，其作用在于通过雨水管流下的屋面雨水有组织地导向地下排水集井而流入下水道。

（2）散水

室外地面靠近勒脚下部所做的排水坡，称为散水。其作用是迅速排除从屋檐滴下的雨水，防止因积水渗入地基而导致建筑物下沉。

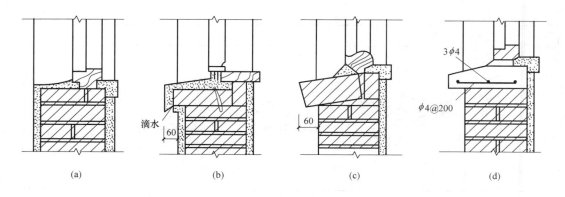

图 4-4　窗台

（a）不悬挑窗台；（b）抹滴水的悬挑窗台；（c）侧砌砖窗台；（d）预制钢筋混凝土窗台

　　明沟与散水的材料用混凝土现浇或者用砖石等材料铺砌而成，散水与外墙的交接处应设缝分开，并且用有弹性的防水材料嵌缝，以防建筑物外墙下沉时将散水拉裂，如图 4-5 所示。

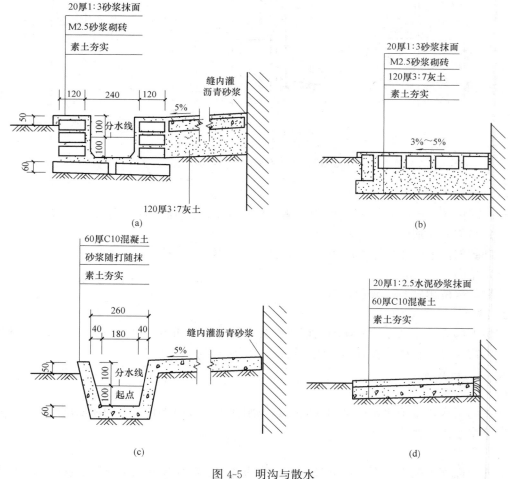

图 4-5　明沟与散水

（a）砖砌明沟；（b）砖铺散水；（c）混凝土明沟；（d）混凝土散水

5. 过梁

为了承受门窗洞口上部墙体的质量与楼盖传来的荷载，门窗洞口上必须设置过梁，过梁的形式有很多，有砖砌过梁与钢筋混凝土过梁两类。其中，砖砌过梁有砖砌平拱过梁与钢筋砖过梁两种；现如今常用的是钢筋混凝土过梁，按照其施工方法，分为现浇钢筋混凝土过梁与预制钢筋混凝土过梁。具体见表4-2。

过梁的形式分类　　　　　　　　　　　　　表 4-2

序号	过梁形式		具体要求
1	砖砌过梁	砖砌平拱过梁	砖砌平拱过梁是采用竖砌的砖做成拱券。这种券是水平的，故称平拱。砖不应低于 MU7.5，砂浆不低于 M2.5。这种平拱的最大跨度为 1.8m，如图 4-6 所示
		钢筋砖过梁	钢筋砖过梁用砖应不低于 MU7.5，砂浆不低于 M2.5。洞口上部应先支木模，上放直径不小于 5mm 的钢筋，间距小于等于 120mm，伸入两边墙内应不小于 240mm，钢筋上下应抹砂浆层。最大跨度为 2m，如图 4-7 所示
2	钢筋混凝土过梁	预制钢筋混凝土过梁	预制钢筋混凝土过梁主要用于砖混结构的门窗洞口之上或其他部位，如管沟转角处。其截面形状及尺寸如图 4-8 所示
		现浇钢筋混凝土过梁	现浇钢筋混凝土过梁的尺寸及截面形状不受限制，由结构设计来确定。它的尺寸、形状及配筋要看它的结构节点详图，如图 4-9 所示

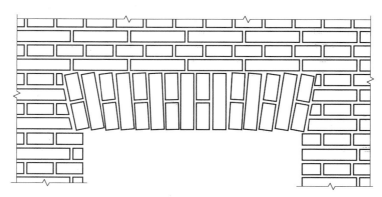

图 4-6　砖砌平拱过梁

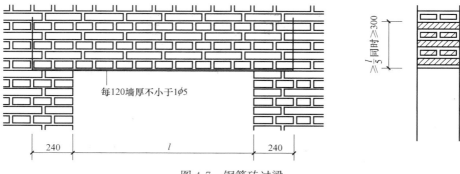

每120墙厚不小于1φ5

$\geqslant \dfrac{l}{5}$ 同时 $\geqslant 300$

240　　　　l　　　　240

图 4-7　钢筋砖过梁

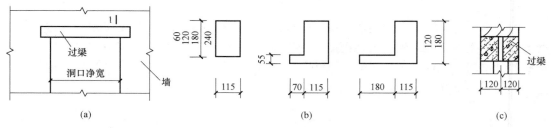

图 4-8　预制钢筋混凝土过梁

（a）过梁立面体；（b）过梁截面形状及尺寸；（c）墙内预制过梁

6. 圈梁

圈梁是沿着房屋外墙、内纵墙与部分横墙在墙内设置的连续封闭的梁，一般位于楼板处的内外墙内，它的作用是增加墙体的稳定性，加强房屋的空间刚度以及整体性，防止由于基础的不均匀沉降、振动荷载等引起的墙体开裂，提高房屋的抗震性能。圈梁常为现浇的钢筋混凝土梁，如图 4-10 所示。

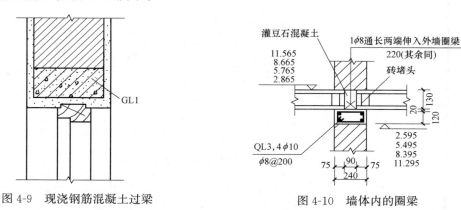

图 4-9　现浇钢筋混凝土过梁　　　　　　图 4-10　墙体内的圈梁

圈梁应连续地设在同一水平面上且形成封闭状，如圈梁遇门窗洞口必须断开时，应在洞口上部增设相应截面的附加圈梁，并且应满足搭接补强要求，如图 4-11 所示。

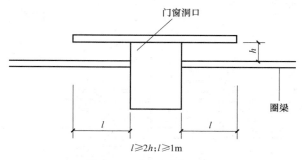

图 4-11　附加圈梁的长度

7. 构造柱

构造柱不同于框架结构中的承重柱。构造柱是设于墙体内的钢筋混凝土现浇柱，构造柱设置的目的不是考虑用它来承担垂直荷载，而是从构造的角度来考虑。有了构造柱与圈梁，便可形成空间骨架，使建筑物做到裂而不倒。

构造柱与圈梁共同形成空间骨架，从而增加房屋的整体刚度，提高抗震能力。构造柱常为现浇的钢筋混凝土，如图 4-12 所示。

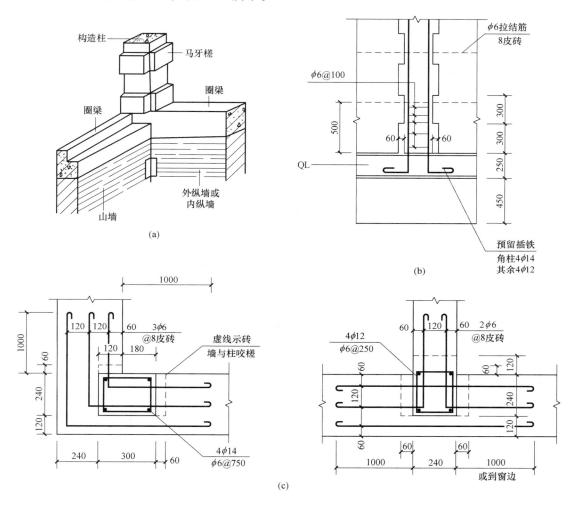

图 4-12　构造柱

（a）构造柱立体图；（b）构造柱剖面图；（c）构造柱平面图

8. 变形缝

变形缝是伸缩缝、沉降缝与防震缝的总称，其构造作法如图 4-13 所示。

（1）伸缩缝

又称为温度缝，它主要是为了防止由于温度变化引起构件的开裂所设的缝。伸缩缝缝宽通常为 20～30mm。

伸缩缝内应当填有防水、防腐性能的弹性材料，如沥青麻丝、橡胶条及塑料条等。外墙面上用镀锌薄钢板盖缝，内墙面上应用木质盖缝条加以装饰。伸缩缝的构造如图 4-14 所示。

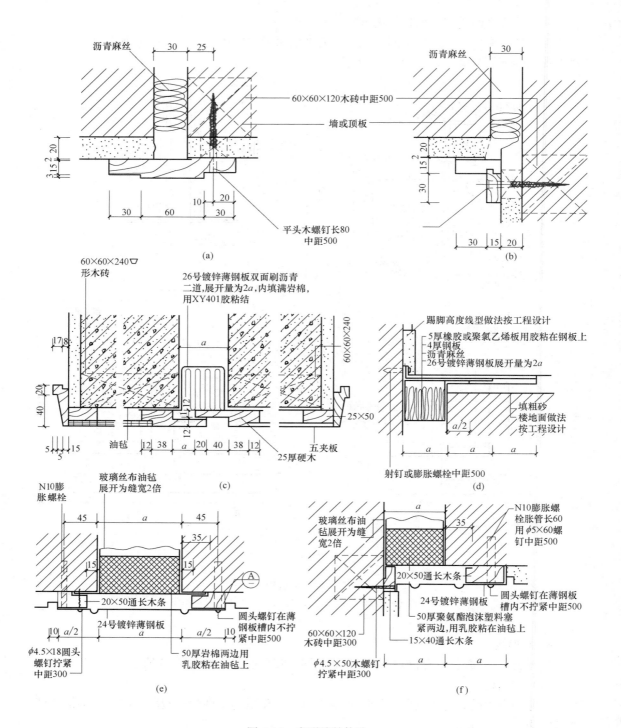

图 4-13　变形缝的构造

（a）墙面、顶棚；（b）墙面、顶棚与墙面；（c）墙面、顶棚；

（d）墙与楼地面；（e）墙面、顶棚；（f）墙面、顶棚与墙面

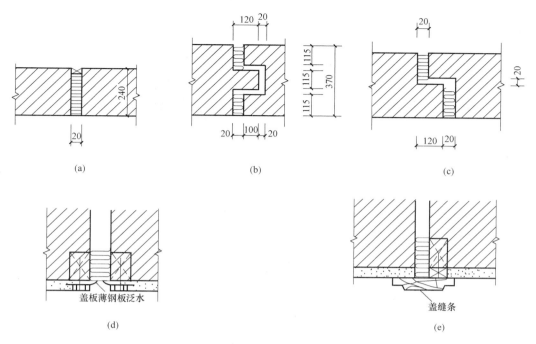

图 4-14　伸缩缝处墙体构造（尺寸单位：mm）

（a）平口缝；（b）楔口缝；（c）高低缝；（d）外墙面缝口盖镀锌薄钢板；（e）内墙面缝口盖盖缝条

（2）墙身沉降缝

与伸缩缝构造基本相同，沉降缝主要是为了防止由于地基不均匀沉降引起建筑物的破坏所设的缝。沉降缝缝宽通常在 30～120mm。但是，外墙沉降缝常用金属调节片盖缝，以保证建筑物的两个独立单元能自由下沉不致破坏。沉降缝的构造作法如图 4-15 所示。

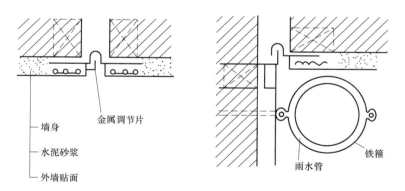

图 4-15　墙体沉降缝的构造

（3）防震缝

防震缝处墙体构造与伸缩缝大致相同，是为了防止由于地震时造成相互撞击或者断裂引起建筑物的破坏所设的缝，缝宽通常在 50～120mm，并随着建筑物增高而加大。防震缝的构造如图 4-16 所示。

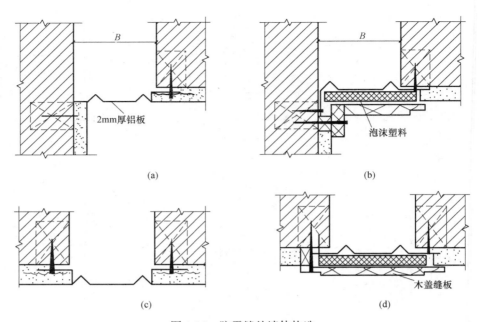

图 4-16　防震缝处墙体构造

（a）、（b）外墙面防震缝；（c）、（d）内墙面防震缝

4.4　墙面工程施工图识图要点

4.4.1　内墙剖面节点详图

阅读内墙剖面节点详图应注意以下方面：

1）与被索引图纸对应，找出该剖面图的剖切位置与剖切方向。核对墙面相应各段的装饰形式与竖向尺寸是否相符。

2）从上至下分段阅读。

3）注意看木护壁内防潮处理措施及其其他内容。

4）不要漏读图中标注的各部尺寸和标高、木龙骨的规格和通气孔的大小和间距、其他材料的规格、品种等内容。

现以图 4-17 为例，说明底层小餐厅内墙装饰剖面节点详图的读图方法和步骤。

1）最上面的为轻钢龙骨吊顶、TK 板面层、宫粉色水性立邦漆饰面。

2）顶棚和墙面相交处用 GX-07 石膏阴角线收口；护壁板上口墙面采用钢化仿瓷涂料饰面。

3）墙面中段是护壁板，护壁板面中部凹进 5mm，凹进部分嵌装了 25mm 厚的海绵，并且用印花防火包面。护壁板面无软包处贴水曲柳微薄木，清水涂饰工艺。

4）薄木与防火布两种不同饰面材料之间采用 1/4 圆木线收口，护壁上下用线脚⑩压边。

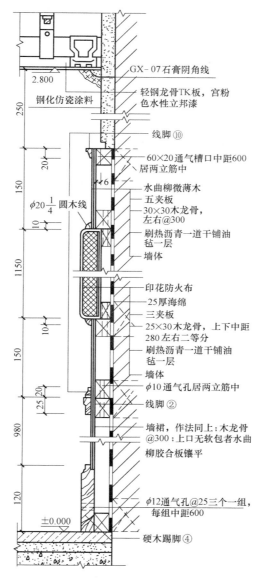

图 4-17　底层小餐厅内墙装饰
剖面节点详图（1∶3）

5）墙面下段为墙裙，与护壁板连在一起，通过线脚②区分开来。

6）护壁内墙面刷热沥青一道，干铺油毡一层。

7）所有水平向龙骨都设有通气孔，护壁上口与锡脚板上也设有通气孔或者槽，使护壁板内保持通风干燥。

4.4.2　外墙身详图

阅读外墙身详图应注意以下方面：

1）阅读图名、比例，了解图纸基本概况。

2）仔细阅读图纸上的标注，确定室内外地坪的标高，窗台、窗户的高度及其他内容。

3）如果梁的尺寸比墙体小，注意观察相应的保温措施。

4）根据索引符号、图例读节点构造详图。

现以图 4-18 为例，说明外墙身详图的读图方法和步骤。

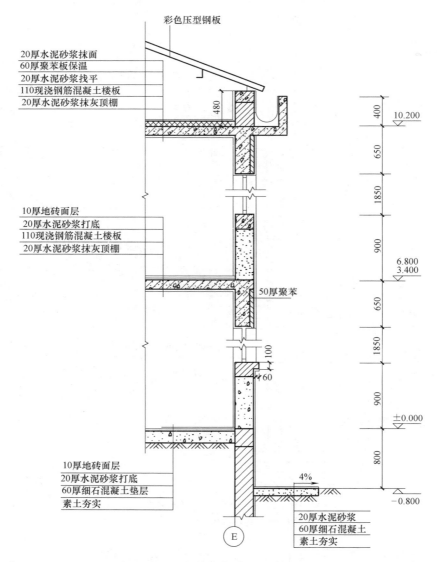

图 4-18　外墙身详图（1：20）

1）该图由 3 个节点构成。

2）从图中能看出，基础墙为普通砖砌成，上部墙体用加气混凝土砌块砌成。

3）在室内地面处设有基础圈梁，在窗台上也设有圈梁，一层窗台的圈梁上部突出墙面 60mm，突出部分高 100mm。

4）室外地坪标高为−0.800m，室内地坪标高为±0.000m。

5）窗台高 900mm，窗户高 1850mm，窗户上部的梁同楼板是一体的，到屋顶与挑檐也构成一个整体，由于梁的尺寸比墙体小，在外面又贴了 50mm 的聚苯板，因此能够起到保温的作用。

6) 室外散水、室内地面、楼面、屋面的作法采用分层标注的形式表示的。

4.4.3　墙节点详图

阅读墙节点详图应注意以下方面：

1) 首先，在与节点详图相关的图样上找出节点详图的位置、编号以及投影方向。

2) 注意各节点作法、线角形式以及尺寸，掌握细部构造内容。

现以图 4-19 为例，说明某别墅影视墙节点详图的读图方法和步骤。

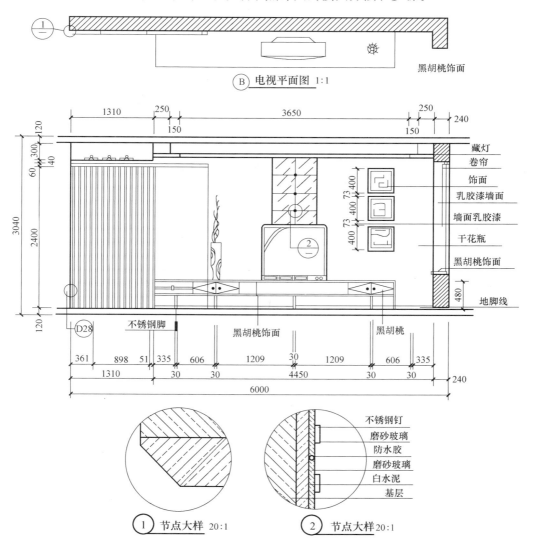

图 4-19　某别墅影视墙节点详图

1) ①号详图的位置在详图⑤电视平面图 1∶1 的最左边，②号详图的位置在影视墙正立面图的中央位置。

2）①号详图反映了影视墙与墙面衔接处的节点作法，转角处以木线条拼接做了柔化处理。

3）②号详图表示玻璃墙面的装饰作法，根据分层构造引出的说明制作——基层之上刮白水泥，随后使用不锈钢钉固定磨砂玻璃，磨砂玻璃之间的缝隙填防水胶嵌缝。

4.4.4　室内墙、地面结构详图

阅读室内墙、地面结构详图应注意以下方面：

1）建筑室内墙、地面结构一般不单独绘制，一般与室内的立面布置图同时绘制，阅读时注意区分。

2）阅读室内墙、地面结构造型时，整个墙体可分成棚面吊顶、棚面托裙、墙面、墙体下部的墙裙和地面等几部分。

3）阅读图样时，可以按建筑结构部位的顺序从上至下依次判读。

4）阅读棚圈吊顶造型时，由上往下观察。

现以图 4-20 为例，说明室内墙、地面结构详图的读图方法和步骤。

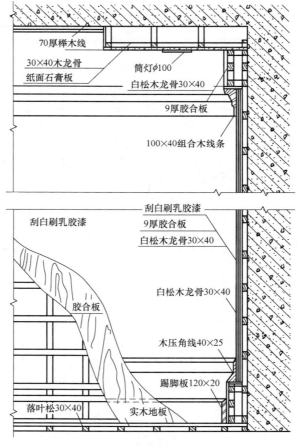

图 4-20　室内墙、地面结构详图

1）吊顶部分悬吊于基础棚面上，除了与基础棚面结合的一圈木质线条之外，这个棚

圈由木质吊顶、木龙骨、纸面石膏板与筒灯组成。

2）悬吊棚圈的木龙骨与吊杆之间均采用 30mm×40mm 的木方结合、纸面石膏板面层直接安装到棚面的木龙骨上，在纸面石膏板面层上直接开孔安装直径 100mm 的筒灯。

3）棚面由 30mm×40mm 的白松木方制成方形的框架结构与墙体结合，这个框架结构由前面三根木龙骨与后面的三根墙体木龙骨所组成，框架表面安装 9mm 厚的胶合板作为墙体的面层，框架结构的下面则为规格是 100mm×40mm 的组合木线镶贴在墙体与框架相交的部位，作为压角线来使用。

4）整个墙体都是由木龙骨与胶合板构成，由 30mm×40mm 的白松木方制成龙骨格栅作为墙体装修的骨架与基础墙体结合，然后把胶合板直接安装于龙骨上，最后在墙体的面层上刮白并且涂刷乳胶漆。

5）墙体下部的护墙板结构形成了一个凸起的墙脚造型，它由一个方形的构架与压角线、踢脚线组成。

6）框架结构的上方与墙体的交界处钉装一个规格为 40mm×25mm 的压角线，规格为 120mm×20mm 的踢脚线则安装在墙脚造型与地板的交界处。

7）地面的剖面相对比较简单，实木地板铺装在等距的地面木龙骨之上，由图上的引出线得知，这些木龙骨采用 30mm×40mm 的落叶松木材制作而成。

顶棚装饰施工图识图诀窍

5.1 顶棚的分类

依据饰面层与主体结构的相对关系不同，顶棚可以分为直接式顶棚与悬吊式顶棚两大类。

1. 直接式顶棚

直接式顶棚是指在结构层底部表面上直接作饰面处理的顶棚，包括一般楼板板底、屋面板板底直接喷刷、抹灰、贴面，如图 5-1 所示。这类顶棚作法简单、经济，而且基本不

1.喷顶棚涂料
2.四周阴角用1:3:3水泥石灰膏
　砂浆勾缝
3.板底腻子刮平
4.预制钢筋混凝土大楼板底用水
　加10%火碱清洗油腻

(a)

1.喷顶棚涂料
2.板底腻子刮平
3.现浇钢筋混凝土底用水加
　10%火碱清洗油腻

(b)

1.喷顶棚涂料
2.2厚纸筋灰罩面
3.6厚1:3:9水泥石灰膏砂浆打底划出纹道
4.刷素水泥浆一道(内掺胶料)
5.预制钢筋混凝土板底用水加10%火碱清
　洗油腻后用1:3水泥砂浆将板缝填严

(c)

1.喷顶棚涂料
2.2厚纸筋灰罩面
3.6厚1:3:9水泥石灰膏砂浆
4.2厚1:0.5:1水泥石灰膏砂浆打底划出
　纹道
5.钢筋混凝土板底刷素水泥浆(内掺胶料)
6.现浇钢筋混凝土板底用水加10%火碱
　清洗油腻

(d)

图 5-1　直接式顶棚

（a）板底喷涂（预制板）；（b）板底喷涂（现浇板）；（c）板底抹灰（预制板）；（d）板底抹灰（现浇板）

占空间高度，通常用于装饰性要求一般的普通住宅、办公楼以及其他民用建筑，尤其适于空间高度受限的建筑顶棚装修。

2. 悬吊式顶棚

悬吊式顶棚又称为"吊顶"，它离开结构底部表面有一定的距离，通过吊杆将悬挂物与主体结构连接在一起。这类顶棚构造复杂，一般用于装修档次要求较高或者有较多功能要求的建筑中。

悬吊式顶棚的类型较多，从不同的角度可以分为：

1) 按照顶棚外观的不同，分为平滑式顶棚、井格式顶棚、分层式顶棚、悬浮式顶棚等，如图 5-2 所示。

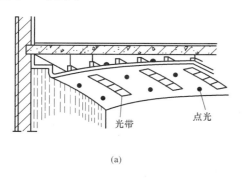

(a)

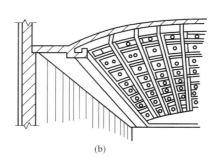

(b)

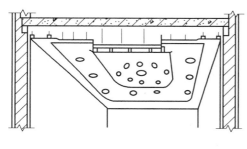

(c)

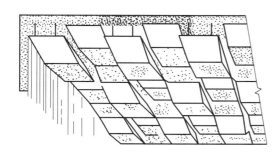

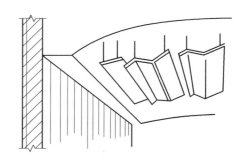

(d)

图 5-2　顶棚的形式

（a）平滑式；（b）井格式；（c）分层式；（d）悬浮式

　　2）按照顶棚结构层或构造层显露状况的不同，分为隐蔽式顶棚、开敞式顶棚等。

　　3）按照龙骨所用材料的不同，分为木龙骨吊顶、轻钢龙骨吊顶及铝合金龙骨吊顶等。

　　4）按照饰面层与龙骨的关系不同，分为活动装配式顶棚及固定式顶棚等。

　　5）按照饰面层所用材料的不同，分为木质顶棚、石膏板顶棚、金属薄板顶棚、玻璃镜面顶棚等。

　　6）按吊顶的承载能力，可分为上人吊顶和不上人吊顶。上人吊顶应能承受 $80\sim100\mathrm{kg/m^2}$ 的集中载荷；不上人吊顶则只需考虑吊顶本身的质量。图 5-3 是轻钢龙骨上人吊顶示意图。

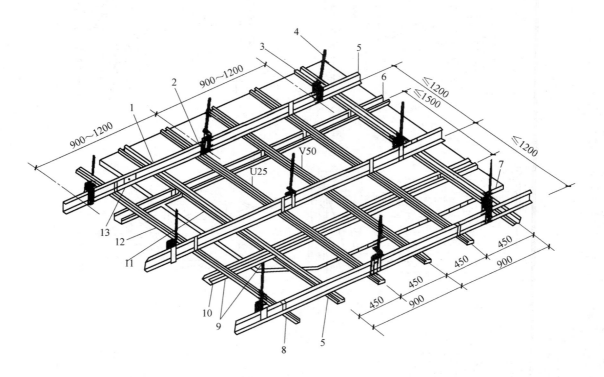

图 5-3　轻钢龙骨吊顶示意图

1—U50 龙骨吊挂；2—U25 龙骨吊挂；3—UC50、UC45 大龙骨吊挂件；4—吊杆 $\phi8\sim10$；

5—UC50、UC45 大龙骨；6—U50、U25 横撑龙骨中距应按板材端部必须设置横撑，

但小于等于 1500；7—吊顶板材；8—U25 龙骨；9—U50、U25 挂插件连接；

10—U50、U25 横撑龙骨；11—U50 龙骨连接件；12—U25 龙骨连接件；

13—UC50、UC45 大龙骨连接件

　　7）按吊顶形状，可分为人字形吊顶、平吊顶、斜面吊顶和变高吊顶。图 5-4 是各种吊顶的构造示意图。图 5-5 是顶棚形状示意图。

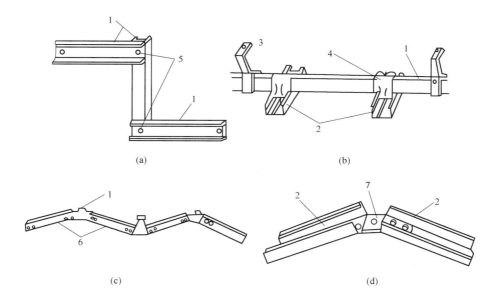

图 5-4　各种吊顶的构造示意图

（a）变高度吊顶节点；（b）斜面吊顶节点；（c）人字形吊顶节点（一）；（d）人字形吊顶节点（二）

1—主龙骨；2—次龙骨；3—主龙骨吊挂件；4—次龙骨吊挂件；5—螺钉；6—大龙骨插挂件；

7—中龙骨插挂件

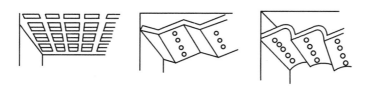

图 5-5　顶棚形状示意图

5.2　顶棚装饰的作用

（1）装饰室内空间

顶棚是室内装饰的一个重要部分，是除墙面与地面之外，用以围合成室内空间的另一大面。

不同功能的建筑与建筑空间对顶棚装饰的要求并不相同，因而装置构造的处理手法也有所区别。顶棚选用不同的处理方法，能够取得不同的空间效果。有的可以延伸与扩大空间感，对人的视觉起到导向作用；有的可使人感到亲切、温暖，以满足人们生理和心理的需要。

室内装饰的风格和效果，与顶棚的造型、装饰构造方法以及材料的选用之间有着十分密切的关系。因此，顶棚的装饰处理对室内景观的完整统一以及装饰效果有着很大的影响。

（2）改善室内环境，满足使用要求

顶棚的处理不仅应考虑室内装饰效果与艺术风格的要求，而且还应考虑室内使用功能对建筑技术的要求。照明、通风、保暖、隔热、吸声或者反声、音响及防火等技术性能，将直接影响室内的环境和使用。如剧场的顶棚，要综合考虑光学与声学设计方面的诸多问题。在表演区，多为集中照明、面光、耳光、追光、顶光甚至脚光等一并采用。剧场的顶棚则应当以声学为主，结合光学的要求做成不同形式的造型，以满足声音反射、漫反射、吸收及混响等方面的需要。

因此，顶棚装饰是技术要求相对比较复杂、难度较大的装饰工程项目，必须结合建筑内部的体量、装饰效果的要求、经济条件、设备安装情况、技术要求以及安全问题等各方面来综合考虑。

5.3　顶棚工程施工图识图要点

5.3.1　顶棚总平面图

阅读顶棚总平面图应注意以下方面：

1）规模较小的装饰设计可以省略顶棚总平面图，如需要绘制，一般应当能够反映全部各楼层顶棚总体情况，主要包括顶棚造型、顶棚装饰灯具布置、消防设施以及其他设备布置等内容。

2）阅读图名、比例，了解平面图的总体概况。

3）平面图中，顶棚的装饰线、面板的拼装分格等次要的轮廓线使用细实线表示，阅读时注意区分。

现以图 5-6 为例，说明某大酒店改造装修工程首层顶棚平面图的读图方法和步骤。

从图中可以看出：该图比例是 1：100。大厅顶棚设有红胡挑擦色饰面藻井，标高为2.65m。客房为轻钢龙骨石膏板顶棚刷白色乳胶漆饰面，标高为 2.750m；卫生间顶棚为200 宽铝扣板，标高为是 2.300m。在平面图中，墙、柱用粗实线表示，顶棚的藻井及灯饰等主要造型轮廓线用中实线表示。顶棚的装饰线、面板的拼装分格等次要的轮廓线则用细实线表示。

5.3.2　顶棚造型布置图

顶棚造型布置图应标明顶棚造型、天窗、构件、装饰垂挂物及其他装饰配置与部品的位置，注明定位尺寸、材料及作法。

1）顶棚灯具及设施布置图应标注所有明装与暗藏的灯具（包括火灾与事故照明）、发光顶棚、空调风口、喷头、探测器、扬声器、挡烟垂壁、防火卷帘、防火挑檐、疏散以及指示标志牌等的位置，标明定位尺寸、材料、产品型号和编号以及作法。

2）如果楼层顶棚较大，可以就一些房间与部位的顶棚布置单独绘制局部放大图，同样也要符合以上规定。

现以图 5-7 为例，说明某餐厅包房顶棚造型布置图的读图方法和步骤。

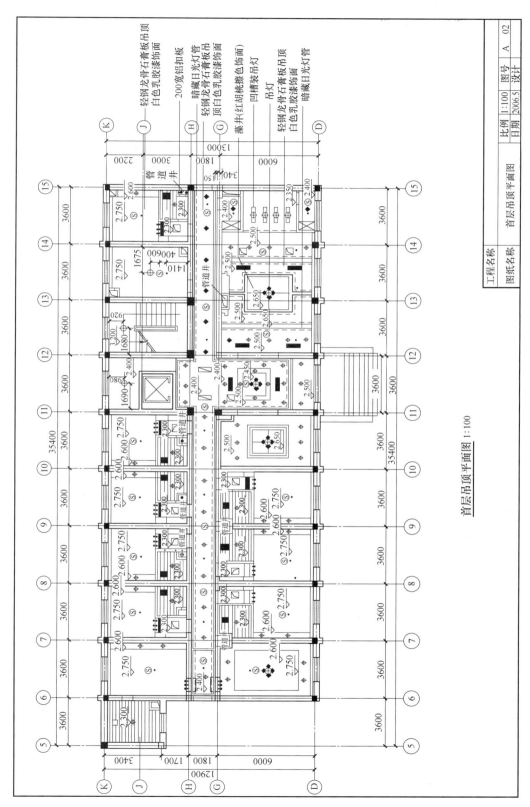

图 5-6　某大酒店改造装修工程首层顶棚平面图

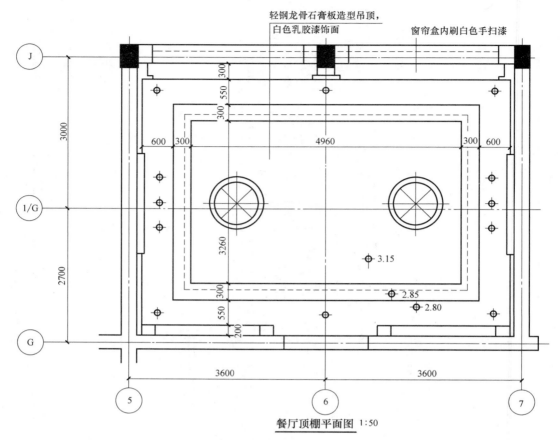

图 5-7　某餐厅包房顶棚造型布置图

从图 5-7 中可以看出，该图比例是 1∶50，图中表示造型轮廓线、灯饰及其材料作法。顶棚是轻钢龙骨石膏板顶棚白色乳胶漆饰面，标高分别是 2.80m、2.85m 和 3.15m。窗帘盒内刷白色手扫漆。

5.3.3　顶棚剖面图

阅读顶棚剖面图时，应注意以下方面：

1）阅读顶棚剖面图时，首先应对照平面布置图，弄清剖切面的编号是否相同，了解该剖面的剖切位置与剖视方向。

2）对于墙身剖面图，可以从墙角开始自上而下对各装饰结构由里及表地阅读，分析其各层所用材料及其规格、面层的收口工艺和要求、各装饰结构之间及装饰结构与建筑结构之间的连接与固定方式，并根据尺寸进一步确定各细部的大小。

3）对于吊顶剖面图，可以从吊点、吊筋开始，依主龙骨、次龙骨、基层板与饰面的顺序进行阅读，分析各层次的材料和规格及其连接方法，特别要注意各凹凸层面的边缘、灯槽、吊顶与墙体的连接与收口工艺以及各细部尺寸。

4）通过对剖面图中所示内容的阅读研究，明确装饰工程各部位的构造方法、构造尺寸、材料要求和工艺要求。

5）在阅读顶棚剖面图时，还应注意按图中索引符号所示方向，找出各部位节点详图来阅读，不断对照。弄清各连接点或者装饰面之间的衔接方式，以及包边、盖缝、收口等细部的材料、尺寸以及详细作法。

6）阅读顶棚剖面图应结合平面布置图与顶棚平面图进行，某些装饰剖面图还应结合装饰立面图来综合阅读，才能全方位地理解剖面图示内容。

现以图 5-8 为例，说明某顶棚剖面图的读图方法和步骤。

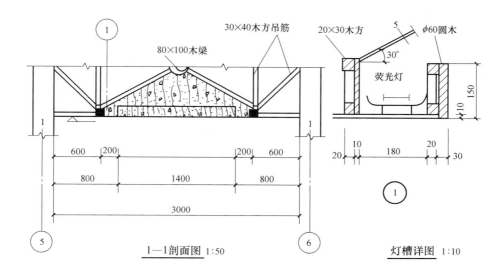

(a)

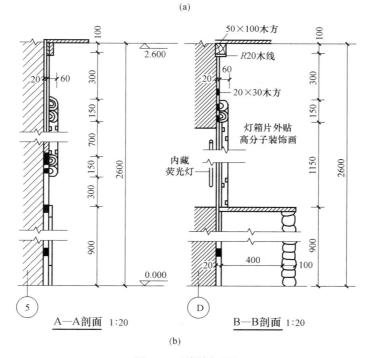

(b)

图 5-8　顶棚剖面图

1) 根据图 5-8 (a) 所示图形特点，可以断定其为顶棚剖面图。

2) 图 5-8 (b) 所示 B-B 剖面，是 B 立面墙的墙身剖面图，从上而下识读得知：内墙与吊顶交角用 50mm×100mm 木方压角；主墙表面用仿石纹夹板，内衬 20mm×30mm 木方龙骨；夹板与 50mm×100mm 木方间用 R20 木线收口；假窗窗框采用大半圆木做成，窗洞内藏荧光灯，表面是灯箱片外贴高分子装饰画；假窗下是壁炉，壁炉台面是天然石材，炉口是浆砌块石。

3) 图 5-8 (a) 所示吊顶，由于比例很小，并且是不上人的普通木结构吊顶，因此未作详细描述，只是对灯槽局部以大比例的详图表示。对于某些仍然未表达清楚的细部，可以由索引符号找到其对应的局部放大图（即详图），如图 5-8 (a) 所示灯槽即是。

5.3.4 顶棚详图

阅读顶棚详图应注意以下方面：

1) 看顶棚详图符号，结合顶棚平面图、顶棚立面图、顶棚剖面图，了解详图来自何部位；

2) 对于复杂的顶棚详图，可以将其分为几块，分别进行识读；

3) 找出各块的主体，以便进行重点识读；

4) 注意观察主体和饰面之间采用何种形式连接。

现以图 5-9 为例，说明某别墅一层餐厅顶棚节点详图的读图方法和步骤。

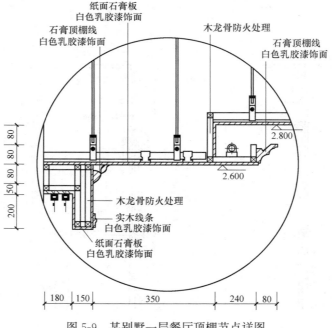

图 5-9　某别墅一层餐厅顶棚节点详图

1) 石膏顶棚从组成上看主要是由吊杆、主龙骨与次龙骨组成，局部龙骨（竖向）为木龙骨且做好防火处理。

2) 从造型上看，是跌级吊顶，高差为 2.600m 与 2.800m 之差，为 0.200m。

3）靠左面为墙体，在墙体与吊顶交界处安装窗帘盒，窗帘盒内安装双向滑轨。窗帘盒深200mm，宽180mm。

4）在跌级处有一发光灯槽，灯槽宽为240mm，高为160mm，槽口为80mm，槽口下侧安装石膏角线，槽内安装日光灯。

5）在顶棚与窗帘盒的交接处，安装了石膏角线，在窗帘盒外侧下端安装木角线。整个装饰外表面涂刷白色的乳胶漆。

门窗装饰施工图识图诀窍

6.1 门窗的分类

6.1.1 门的分类

（1）按门在建筑物中所处的位置，分为内门与外门。内门位于内墙上，应当满足分隔要求；外门位于外墙上，应当满足围护要求。

（2）按门的使用功能，分为一般门与特殊门。特殊门具有特殊的功能，构造复杂，这种门的种类较多，如用于通风、遮阳的百叶门，用于保温、隔热的保温门，用于隔声的隔声门以及防火门、防爆门等多种特殊要求的门。

（3）按门的框料材质，分为木门、铝合金门、彩板门、塑钢门、玻璃钢门、钢门等。木门质轻、开启方便、隔声效果好、外观精美，目前在民用建筑中大量采用。

1）木门：木门使用相对较普遍，但是由于有的质量较大，有时容易下沉。门扇的作法很多，如拼板门、镶板门、胶合板门以及半截玻璃门等。

2）钢门：采用钢框与钢扇的门，使用较少。有时只用于大型公共建筑、工业厂房大门或者纪念性建筑中。但是钢框木门目前已经广泛应用于工业厂房与民用住宅等建筑中。

3）钢筋混凝土门：这种门大多用于人防地下室的密闭门。缺点是自身质量大，而且必须妥善解决连接问题。

4）铝合金门：这种门主要用于商业建筑以及大型公共建筑的主要出入口等。表面呈银白色或者深青钢色，它给人以轻松、舒适的感觉。

（4）按照门的开启方式，分为平开门、弹簧门、推拉门、折叠门、转门、卷帘门与翻板门等。

1）平开门：平开门可向内开启也可向外开启，作为安全疏散门时应外开启。在寒冷地区，为了满足保温要求，可做成内、外开启的双层门。需要安装纱门的建筑，纱门与玻璃门为内、外开。

2）弹簧门：又称自由门。分为单面弹簧门与双面弹簧门两种。弹簧门主要用于人流出入较为频繁的地方，但是托儿所、幼儿园等类型建筑中儿童经常出入的门，不可以采用弹簧门，以免碰伤小孩。由于弹簧门有较大的缝隙，因此不利于保温。

3）推拉门：这种门悬挂于门洞口上部的支承铁件上，然后左右推拉。其特点是不占室内空间，但是因封闭不严，因此在民用建筑中较少采用，而电梯门则大多使用推拉门。

4）转门：转门成十字形，安装在圆形的门框上，人进出时推门缓缓行进。转门的隔绝能力很强，保温、卫生条件好，一般用于大型公共建筑物的主要出入口。

5）卷帘门：多用于商店橱窗或者商店出入口外侧的封闭门，还有带有车库的民用住宅等。

6）折门：又称为折叠门。当门打开时，几个门扇靠拢，可少占有效面积。

门的外观形式如图 6-1 所示，其开启方向规定如图 6-2 所示。

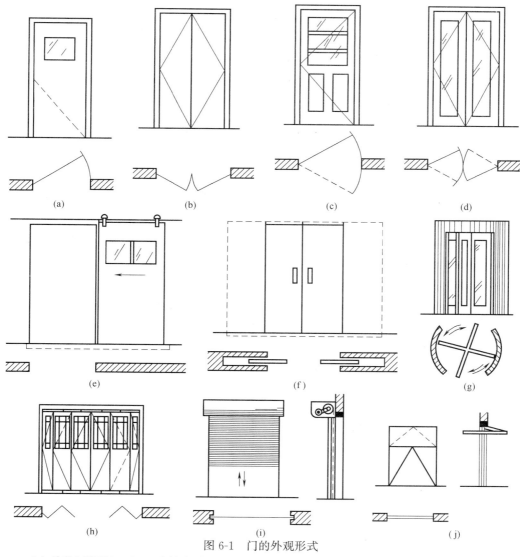

图 6-1　门的外观形式

（a）单扇内平开门；（b）双扇外平开门；（c）单扇弹簧门；（d）双扇弹簧门；（e）单扇左右推拉门；
（f）双扇左右推拉门；（g）旋转门；（h）折叠门；（i）卷帘门；（j）翻板门

图 6-2　门开启方向的规定

6.1.2　窗的分类

1. 按照窗的框料材质分类

按窗所用的框架材料不同，可以分为木窗、钢窗、铝合金窗与塑料窗等单一材料的窗，以及塑钢窗、铝塑窗等复合材料的窗。其中，铝合金窗与塑钢窗外观精美、造价适中、装配化程度高，铝合金窗的耐久性好，塑钢窗的密封、保温性能好，因此在建筑工程中应用广泛；木窗由于消耗木材量大，耐火性、耐久性与密闭性差，其应用已经受到限制。

（1）木窗

木窗是由含水率在 18％左右的不易变形的木料制成，常用的有松木或者与松木近似的木料。木窗的特点是加工方便，因此过去使用比较普遍。缺点是耐久性差，较易变形。

（2）钢窗

钢窗是用热轧特殊断面的型钢制成的窗。断面包括实腹与空腹两种。钢窗耐久、坚固、防火、挡光少，对采光有利，可节省木材。其缺点是关闭不严，空隙较大，现在已经基本不用，特别是空腹钢窗将会逐步取消。

（3）塑料窗

这种窗的窗框与窗扇部分均采用硬质塑料构成，其断面是空腹形，一般采用挤压成型。由于易老化与变形等问题已基本解决，所以目前已广泛使用。

（4）铝合金窗

这是一种新型窗，主要用于商店橱窗等。铝合金是采用铝镁硅系列合金钢材，表面呈银白色或深青铜色，其断面也是空腹形，造价适中。

2. 按照窗的层数分类

按窗的层数，可以分为单层窗和双层窗两种。其中，单层窗构造简单，造价低，通常用于一般建筑中；而双层窗的保温、隔声、防尘效果好，一般用于对窗有较高功能要求的建筑中。双层窗扇与双层中空玻璃窗的保温、隔声性能优良，是节能型窗的理想类型。

3. 按照窗的开启方式分类

按窗的开启方式的不同，可以分为固定窗、平开窗、旋转窗、推拉窗及百叶窗等。

（1）固定窗

这是一种只供采光、不能通风的窗。固定窗的开启形式如图 6-3 所示。

（2）平开窗

这是使用最为广泛的一种，分为内开窗与外开窗，其示意图及施工图如图 6-4 所示。

（3）旋转窗

这种窗的特点是窗扇沿着一个旋转轴旋转，实现开启。由于旋转轴的安装位置不同，可分为上悬窗、中悬窗和下悬窗；也可沿垂直轴旋转而成垂直旋转窗。旋转窗的开启形式如图6-5所示。

（4）推拉窗

这种窗的特点是窗扇开启不占室内空间，一般可分为水平推拉窗与垂直推拉窗。推拉窗的开启形式如图6-6所示。

（5）百叶窗

这是一种以通风为主要目的的窗，主要由斜木片或者金属片组成。多用于有特殊要求的部位，如卫生间等。百叶窗的开启形式如图6-7所示。

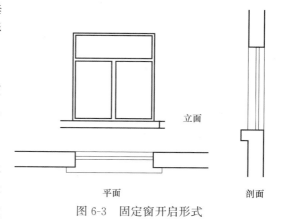

图 6-3　固定窗开启形式

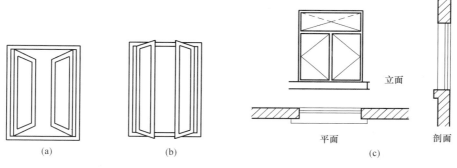

图 6-4　平开窗开启形式

（a）外平开示意图；（b）内平开示意图；（c）施工图

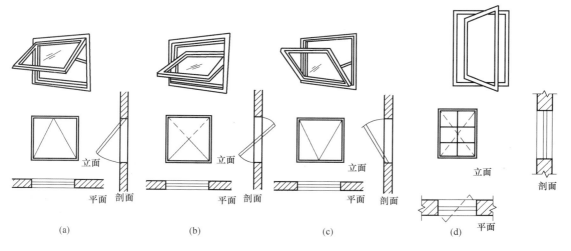

图 6-5　旋转窗的开启形式

（a）上悬窗；（b）中悬窗；（c）下悬窗；（d）立转窗

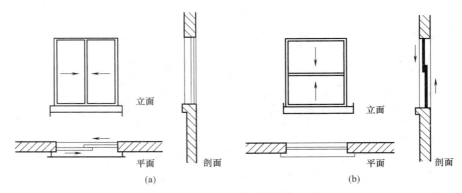

图 6-6　推拉窗的开启形式

（a）水平推拉窗；（b）垂直推拉窗

图 6-7　百叶窗开启形式

4. 按照窗的用途分类

按照用途的不同来分，还有屋顶窗、天窗、老虎窗、双层窗、百叶窗和眺望窗等，如图 6-8 所示。

5. 按照窗造型分类

常见的有弓形凸窗、梯形凸窗和转角窗等，如图 6-9 所示。

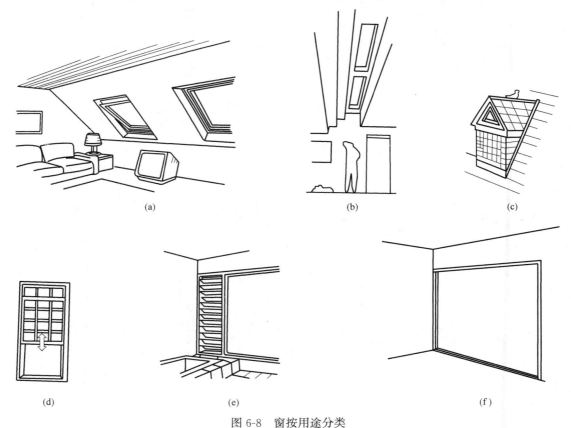

图 6-8　窗按用途分类

（a）屋顶窗；（b）天窗；（c）老虎窗；（d）双层窗；（e）百叶窗；（f）眺望窗

图 6-9　窗按造型分类
（a）弓形凸窗；（b）梯形凸窗；（c）转角窗；（d）屏壁窗

6.2　门窗的作用

　　门与窗是建筑物的重要组成部分，也是主要围护构件之一，对保护建筑物能够正常、安全及舒适使用具有很大的影响。

　　各种门窗图样如图 6-10 所示。

　　门的主要功能是人们进出房间以及室内外的通行口，同时也兼有采光及通风的作用；门的形式对建筑立面装饰也有一定的作用。

　　窗的主要作用是采光、通风以及观看风景等。自然采光是节能的最好措施，一般民用建筑主要依靠窗进行自然采光，依靠开窗进行通风；另外，窗对建筑立面装饰也起着一定的作用。

　　门与窗位于外墙上时，作为建筑物外墙的组成部分，对于建筑立面装饰与造型起着十分重要的作用。

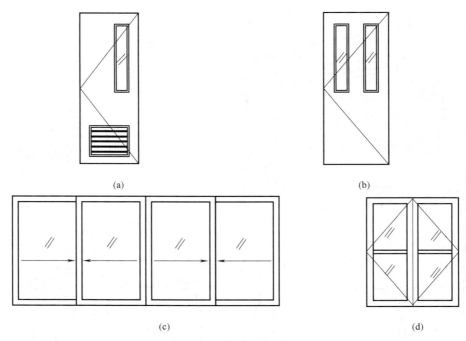

(a)　　　　　　　　　　　　　　　　　　　　(b)

(c)　　　　　　　　　　　　　　　　　　　　(d)

图 6-10　各种门窗图样

（a）平开百叶门；（b）平开门；（c）推拉窗；（d）平开窗

6.3　门窗工程施工图识图要点

6.3.1　门头、门面正立面图

阅读门头、门面正立面图应注意以下方面：

1）与装饰装修平面图相配合对照，明确立面图所表示的投影面平面位置及其造型轮廓形状、尺寸与功能特点。

2）明确了解每个立面上的装修构造层次及饰面类型，明确其材料要求与施工工艺要求。

3）立面上各装修造型与饰面的衔接处理方式较为复杂时，需同时查阅配套的构造节点图、细部大样图等，明确饰面分格、饰面拼接图案、饰面的收边封口和组装作法和尺寸。

4）熟悉装修构造与主体结构的连接固定要求，明确各种预埋件、后置埋件、紧固件和连接件的种类、布置间距、数量与处理方法等详细的设计规定。

5）配合设计说明，了解相关装饰装修设置或者固定式装饰设施在墙体上的安装构造，有需要预留的洞口、线槽或者要求事先预埋的线管，明确其位置尺寸关系且纳入施工计划。

现以图 6-11 为例，说明某门头、门面正立面图的读图方法和步骤。

1）图示为①～⑥轴门头、门面正立面图，比例是 1∶45。

2）门头上部造型与门面招牌的立面均是铝塑板饰面，且用不锈钢片包边。门头上部造型的两个 1/4 圆用不锈钢片饰面，半径分别是 0.50m 与 0.25m。

3）④～⑥轴台阶上两个花岗石贴面圆柱，索引符号表明其剖面构造详图在饰施详图上。

4）门面装有卷闸门，墙柱用花岗石板贴面，两侧花池贴釉面砖。

5）图中还表明门头、门面的各部尺寸、标高，以及各种材料的品名、规格、色彩及工艺要求。

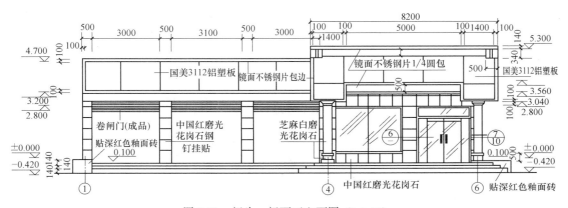

图 6-11　门头、门面正立面图（1∶45）

6.3.2　装饰门详图

阅读装饰门详图时，应注意以下方面：

1）门详图通常由立面图、节点剖面详图及技术说明等组成。阅读装饰门详图时，根据详图符号，结合装饰门平面图、立面图、剖面图，了解详图的总体情况。

2）阅读装饰门立面图时，弄清不同标注的含义，明确洞口尺寸、门套尺寸及门立面总尺寸等。

3）阅读节点剖面详图时，注意区分不用部位的局部剖面节点，以明确门框与门扇的断面形状、尺寸、材料以及相互间的构造关系。

4）阅读门套详图时，明确门套的材料组成、分层作法、饰面处理及施工方式等。

现以图 6-12 为例，说明装饰门详图的读图方法和步骤。

1）本例图门框上槛包在门套之内，所以只注出洞口尺寸、门套尺寸与门立面总尺寸。

2）本例图竖向与横向都有两个剖面详图。其中，门上槛 55mm×125mm、斜面压条为 15mm×35mm、边框 52mm×120mm，均表示它们的矩形断面外围尺寸。门芯为 5mm 厚磨砂玻璃，门洞口两侧墙面与过梁底面用木龙骨和中纤板、胶合板等材料包钉。A 剖面详图右上角的索引符号表明，还有比该详图比例更大的剖面图表达门套装饰的详细作法。门套的收口方式为阳角用线脚⑨包边，侧沿用线脚⑩压边，中纤板的断面用 3mm 厚水曲柳胶合板镶平。线脚大样比例为 1∶1，是足尺图。

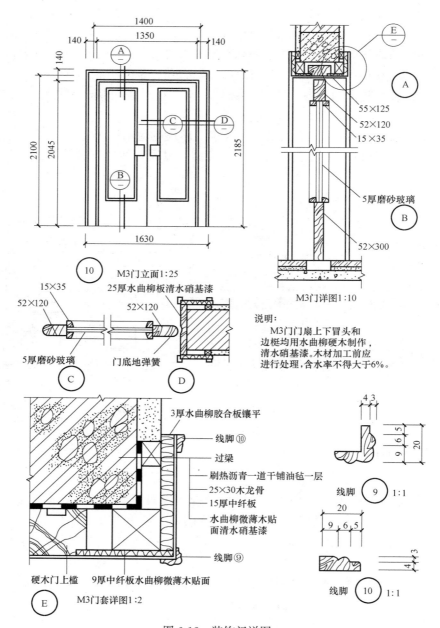

图 6-12　装饰门详图

6.3.3　门头节点详图

阅读门头节点详图时，应注意以下方面：

1）阅读门头节点详图时，与被索引图样对应，检查各部分的基本尺寸与原则性作法是否相符。

2）通过阅读门头节点详图，明确门头上部造型体的结构形式与材料组成。

3）通过阅读门头节点详图，明确装饰结构与建筑结构之间的连接方式。

4）通过阅读门头节点详图，明确饰面材料与装饰结构材料之间的连接方式，以及各装饰面间的衔接收口方式。

5）通过阅读门头节点详图，明确门头顶面排水方式。

6）图中注有各部详细尺寸与标高、材料品种与规格、构件安装间距及各种施工要求等内容，应仔细阅读。

现以图 6-13 为例，说明装饰门详图的读图方法和步骤。

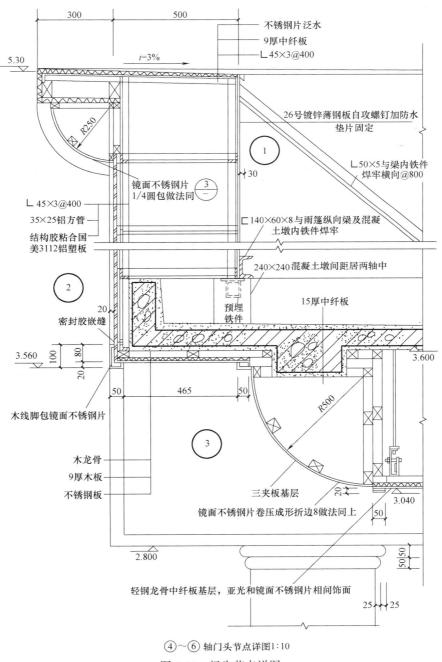

④～⑥轴门头节点详图1:10

图 6-13　门头节点详图

1）阅读图名可知，图为④～⑥轴门头节点详图。

2）造型体的主体框架由 45mm×3mm 等边角钢组成。上部用角钢挑出一个檐，檐下阴角处有一个 1/4 圆，由中纤板与方木为龙骨，圆面基层为三夹板。造型体底面为门廊顶棚，前沿顶棚是木龙骨，廊内顶棚是轻钢龙骨，基层面板均为中密度纤维板。前后跌级间又有一个 1/4 圆，结构形式同檐下 1/4 圆。

3）造型体的角钢框架一边搁于钢筋混凝土雨篷上，用金属胀锚螺栓固定；另一边置于素混凝土墩与雨篷梁上，用一根通长槽钢将框架、雨篷梁及素混凝土墩连接在一起。框架与墙柱之间用 50mm×5mm 等边角钢斜撑拉结。

4）造型体立面是铝塑板面层，用结构胶将其粘于铝方管上；然后，用自攻螺钉把铝方管固定在框架上。门廊顶棚是镜面与亚光不锈钢片相间饰面，需折边 8mm 扣入基层板缝并加胶粘牢。立面铝塑板与底层不锈钢片之间用不锈钢片包木压条收口过渡。

5）造型体顶面是单面内排水。不锈钢片泛水的排水坡度为 3%，泛水内沿做有滴水线。

6.3.4   门及门套详图

阅读门及门套详图应注意以下方面：

1）阅读门的立面图，明确立面造型、饰面材料及尺寸等。注意观察图中剖面索引符号，弄清剖面的形式及投影的方向。

2）阅读门的平面图，注意门扇及两边门套的详细作法和线角形式。

3）阅读节点详图，明确门扇与门套的用料、断面形状及尺寸等。

4）阅读门及门套详图时，注意门的开启方向，一般由平面图确定其方向。

现以图 6-14 为例，说明某装饰门及门套详图的读图方法和步骤。

1）门扇装修形式较简洁，门扇立面周边为胡桃木板饰面，门心板处饰以斜拼红影木饰面板，门套饰以胡桃木线，亚光清漆饰面。门的立面高度为 2.15m、宽度为 0.95m，门扇宽度为 0.82 m，其中门套宽度为 65mm。图中，有"A""B"两个剖面索引符号。其中，"A"是将门剖切后向下投影的水平剖面图，"B"为门头上方局部剖面图，剖切后向右投影。

2）图的下方 A 详图即为门的水平剖面图，它反映出了门扇及两边门套的详细作法与线角形式。我们从图上可以看到，门套的装修结构主要由 30mm×40mm 木龙骨架（30mm、40mm 是指木龙骨断面尺寸）、15mm 厚木工板打底，为了形成门的止口（门扇的限位构造），还加贴了 9mm 夹板，然后再粘贴胡桃木饰面板形成门套。门的贴脸（门套的正面）的作法是直接将门套线安装在门套基层上，表面饰以亚光清漆。门扇的拉手为不锈钢执手锁，门体为木龙骨架，表面饰以红影（中间）与胡桃木（两边）饰面板，为形成门表面的凹凸变化，胡桃木下垫有厚 9mm 的夹板，宽度为 125mm。在两种饰面板的分界处，用宽度为 25mm、高度为 20mm 的胡桃木角线收口，形成较好的装饰效果（俗称造型门）。

3）图中右侧的 B 详图为门头处的构造作法，与 A 详图表达的内容基本一致，主要反映门套与门扇的用料、断面形状、尺寸等。所不同的是，该图是一个竖向剖面图，左右的细实线为门套线（贴脸条）的投影轮廓线。

4）在阅读门及门套详图时，应当注意门的开启方向（通常由平面布置图确定其开启方向）。

5）如图所示的 M3 门为内开门，图中的门扇在室内一侧。在门窗详图中，通常要画出与其相连的墙面作法、材料图例等，表示出门、窗与周边形体的联系，多余部分用折断线折断后省略。

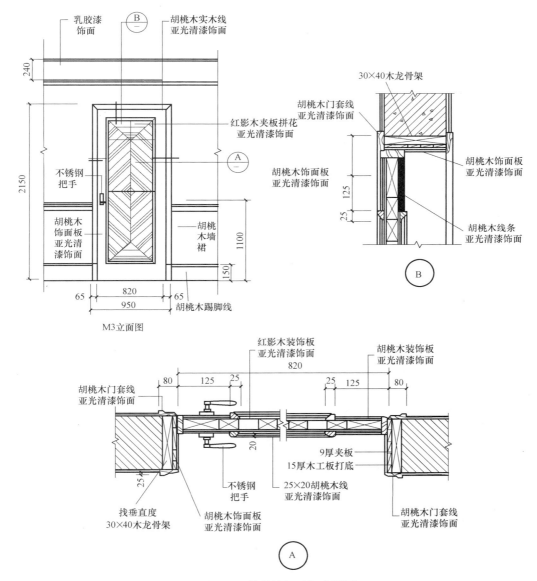

图 6-14 某装饰门及门套详图

6.3.5 木窗详图

阅读木窗详图时，应注意以下方面：

1）阅读木窗详图时，结合木窗平面图、立面图、剖面图，了解详图的总体情况；

2）通过阅读木窗详图，明确木窗的造型、结构、组成及相应的尺寸等内容；

3）认真分析剖面的局部详图，判断木窗的内部构造。

现以图 6-15 为例，说明木窗详图的读图方法和步骤。

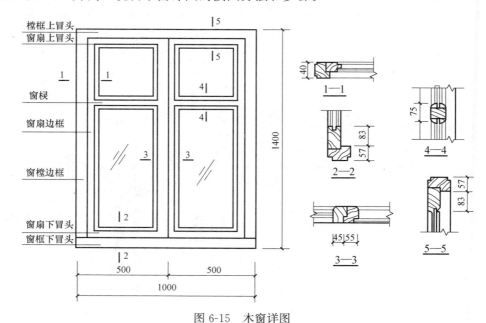

图 6-15　木窗详图

1）该图为一樘平开的木制窗，是由窗框与对开的两个窗扇所组成的。

2）图中的窗户樘框由窗框的两个边框以及上、下冒头所组成。从 1—1 剖面、2—2 剖面和 5-5 剖面的局部详图上看，樘框的断面形状是在方形的截面上裁制出一个 L 形的缺口，同时在樘框的背面两侧也裁制出较小的凹下去的小角线槽。窗扇由边框、窗板与上、下冒头组成。但是从 1-1 剖面和 3-3 剖面的局部详图上看，窗扇的边框有两种断面形式，一种为窗扇外边框，其截面的外侧平直，内侧裁制出安装玻璃的 L 形裁口槽；另一种为位于两个窗扇中间的两个内边框（也称中梃），其除了要在断面上裁制出安装玻璃的 L 形裁口槽外，还需在内边框截面相对的另一面同样裁制出 L 形缺口，以利于两个窗户扇间关闭后互相弥合。窗扇的上、下冒头断面形状可参见 2—2 剖面与 5—5 剖面局部详图的内侧，截面形式与窗扇外边框截面形状大致相同。窗扇的窗板是指窗扇中的横梃，通常都是在窗棂截面的上下裁制线形。在窗板的外侧裁制 L 形的角线槽，以便安装窗玻璃，而在窗板的内侧裁制各种漂亮的坡形或者曲形截面。

楼梯装饰施工图识图诀窍

7.1 楼梯的类型与组成

7.1.1 楼梯的类型

建筑中，楼梯的形式多种多样。根据建筑及使用功能的不同，有以下几种不同的分类方法：

1）按照楼梯主要材料的不同，分为钢筋混凝土楼梯、钢楼梯、木楼梯等；

2）按照楼梯在建筑物中所处位置的不同，分为室内楼梯和室外楼梯；

3）按照楼梯使用性质的不同，分为主要楼梯、辅助楼梯、疏散楼梯、消防楼梯等；

4）按照楼梯间平面形式的不同，分为开敞楼梯间、封闭楼梯间和防烟楼梯间，如图 7-1 所示。

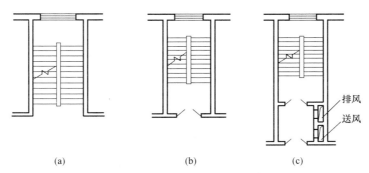

图 7-1　楼梯间平面图
（a）开敞楼梯间；（b）封闭楼梯间；（c）防烟楼梯间

5）按照楼梯平面形式分类：

楼梯的形式主要是由楼梯段（又称楼梯跑）与平台的组合形式来区分的，主要有直上楼梯、曲尺楼梯、双折楼梯（又称转弯楼梯、双跑楼梯）、三折楼梯、弧形楼梯、螺旋形楼梯、剪刀式和交叉式楼梯等。

A. 直上楼梯。其楼梯跑与平台是布置在一条行走线上的，常用于居住建筑底层或在居住建筑中用作横跑楼梯时。在某些辅助建筑中也常采用直上楼梯。图 7-2 (a) 为用于居住建筑底层的直上楼梯；图 7-2 (b) 为在居住建筑中用作横跑楼梯的直上楼梯。此外，工厂建筑用于工作平台的楼梯以及消防梯，大多数采用直上楼梯。

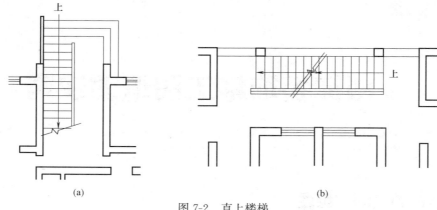

(a)　　　　　　　　　　　　　　　　(b)

图 7-2　直上楼梯

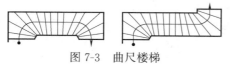

图 7-3　曲尺楼梯

B. 曲尺楼梯。曲尺楼梯通常用于面积紧凑处，如理发厅、小住宅等，使用较少，如图 7-3 所示。

C. 双折楼梯（即双跑楼梯）。双折楼梯是公共建筑及居住建筑中最常见的一种，图 7-4 为四种常见的双折楼梯。

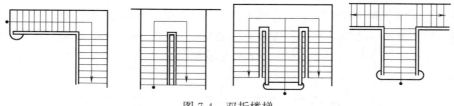

图 7-4　双折楼梯

D. 三折式楼梯。常用于公共建筑中布置大厅作为主要楼梯，高层建筑以电梯为主要交通设施，三折式楼梯为辅助楼梯。图 7-5 (a) 为使用于大厅的楼梯，图 7-5 (b) 为使用于高层建筑与电梯组合的楼梯。

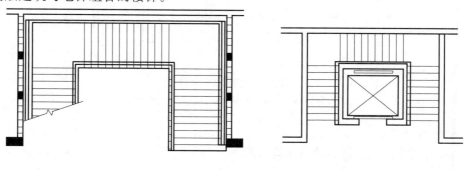

(a)　　　　　　　　　　　　　　　　(b)

图 7-5　三折式楼梯

E. 八角形、圆形、弧形、螺旋形楼梯。常用于庭园以及塔楼等特殊建筑中，螺旋形楼梯如图7-6所示，弧形楼梯如图7-7所示。

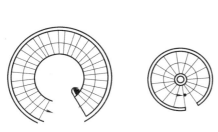

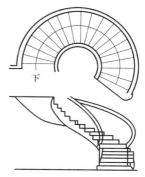

图7-6　螺旋形楼梯

图7-7　弧形楼梯

F. 剪刀式和交叉式楼梯。常用于疏散密集的人群，例如体育馆、高等学校教学楼等。高层建筑常采用交叉式楼梯作安全楼梯（又称消防楼梯），作安全楼梯使用时应按防烟楼梯设计，根据防火规范要求有足够的开窗面积或设置排烟道。剪刀式楼梯如图7-8所示，交叉式楼梯如图7-9所示。

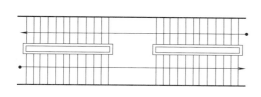

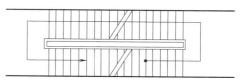

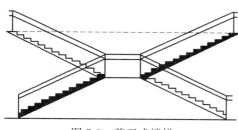

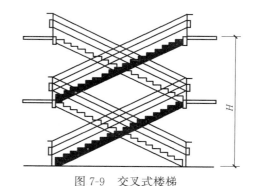

图7-8　剪刀式楼梯

图7-9　交叉式楼梯

7.1.2　楼梯的组成

楼梯的组成如图7-10所示。

（1）楼梯段

楼梯段是楼梯的主要使用和承重部分，它是由若干个连续的踏步组成。每个踏步又由两个互相垂直的面构成，水平面叫踏面，垂直面叫踢面。为避免人们行走楼梯段时太过疲劳，每个楼梯段上的踏步数目不得超过18级。照顾到人们在楼梯段上行走时的连续性，每个楼梯段上的踏步数目不得少于3级。

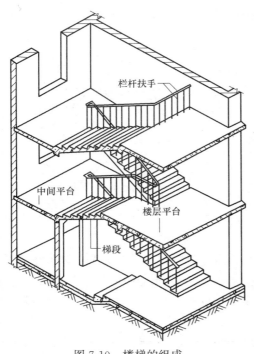

图 7-10   楼梯的组成

（2）楼梯平台

楼梯平台是楼梯段两端的水平段，主要是用来解决楼梯段的转向问题，并使人们在上下楼层时能够缓冲休息。楼梯平台按照其所处的位置分为楼层平台和中间平台，与楼层相连的平台为楼层平台，处于上下楼地层之间的平台为中间平台。

相邻楼梯段和平台所围成的上下连通的空间称为楼梯井。楼梯井的尺寸根据楼梯施工时支模板的需要及满足楼梯间的空间尺寸来确定。

（3）栏杆（栏板）和扶手

栏杆（栏板）是设置在楼梯段和平台临空侧的围护构件，应当有一定的强度和刚度，并应当在上部设置供人们手扶持用的扶手。公共建筑中，当楼梯段较宽时，常在楼梯段和平台靠墙一侧设置靠墙扶手。

7.2   楼梯的细部构造

7.2.1   踏步面层及防滑构造

1. 踏步面层

楼梯踏步要求面层耐磨、防滑、便于清洁，构造作法一般与地面相同，例如水泥砂浆面层、水磨石面层、缸砖贴面、大理石和花岗石等石材贴面、塑料铺贴或地毯铺贴等，如图 7-11 所示。

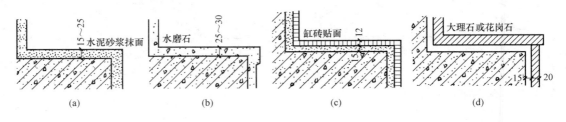

图 7-11   踏步面层构造

（a）水泥砂浆踏步面层；（b）水磨石踏步面层；（c）缸砖踏步面层；（d）大理石或花岗石踏步面层

2. 防滑构造

在人流集中且拥挤的建筑中，为免行走时滑跌，踏步表面应采取相应的防滑措施。通常是在踏步口留 2～3 道凹槽或设防滑条，防滑条长度一般按照踏步长度每边减去

150mm。常用的防滑材料有金刚砂、水泥铁屑、橡胶条、塑料条、金属条、马赛克、缸砖、铸铁和折角铁等，如图7-12所示。

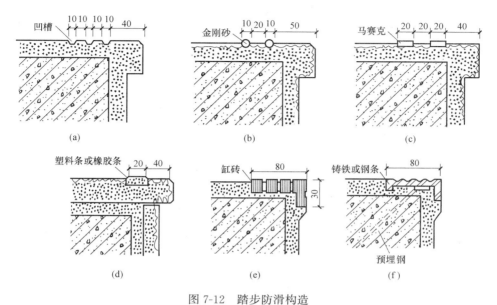

图 7-12　踏步防滑构造

（a）防滑凹槽；（b）金刚砂防滑条；（c）贴马赛克防滑条；（d）嵌塑料或橡胶防滑条；

（e）缸砖包口；（f）铸铁或钢条包口

7.2.2　栏杆、栏板与扶手

1. 栏杆和栏板

栏杆应有足够的强度，能够保证使用时的安全，一般采用方钢、圆钢、扁钢、钢管等制作成各种图案，既起安全防护作用又有一定的装饰效果，如图7-13（a）所示。其垂直杆件间的净间距不应超过110mm。

栏板多采用钢筋混凝土或配筋的砖砌体。钢筋混凝土栏板一般采用现浇栏板，比较坚固、安全、耐久。配筋的砖砌体栏板用烧结普通砖侧砌，每隔1.0～1.2m加设钢筋混凝土构造柱或在栏板外侧设钢筋网加固，如图7-13（b）所示。

还有一种组合栏杆，是将栏杆和栏板组合在一起的一种栏杆形式。栏杆部分一般采用金属杆件，栏板部分可采用预制混凝土板材、有机玻璃、钢化玻璃、塑料板等，如图7-13（c）所示。

栏杆与楼梯段的连接方式有多种：一种是栏杆与楼梯段上的预埋件焊接，如图7-14（a）所示；一种是栏杆插入楼梯段上的预留洞中，用细石混凝土、水泥砂浆或螺栓固定，如图7-14（b）、（c）所示；也可在踏步侧面预留孔洞或预埋钢件进行连接，如图7-14（d）、（e）所示。

2. 扶手

扶手材料通常有硬木、金属管、塑料、水磨石、天然石材等。其断面形状和尺寸除考虑造型外，应以方便手握为宜，顶面宽度一般不大于90mm，如图7-15所示。

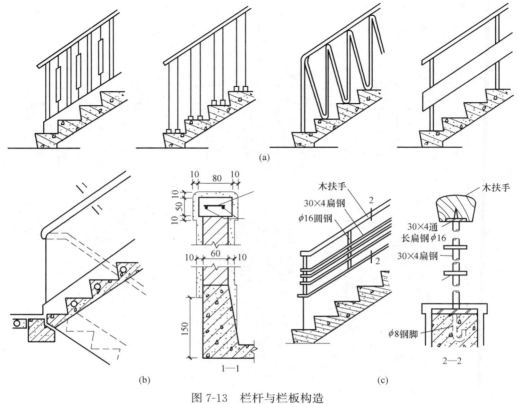

图 7-13　栏杆与栏板构造
（a）栏杆形式举例；（b）1/4 砖砌栏板；（c）组合式栏杆

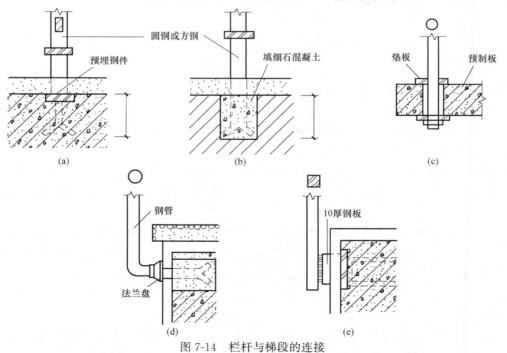

图 7-14　栏杆与梯段的连接
（a）梯段内预埋钢件；（b）梯段预留孔砂浆固定；（c）预留孔螺栓固定；（d）踏步侧面预留孔；（e）踏步侧面预埋钢件

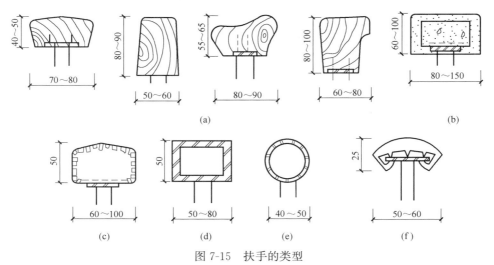

图 7-15　扶手的类型

（a）木扶手；（b）混凝土扶手；（c）水磨石扶手；（d）角钢或扁钢扶手；
（e）金属管扶手；（f）聚氯乙烯扶手

　　顶层平台上的水平扶手端部应与墙体有可靠的连接。通常是在墙上预留孔洞，将连接栏杆和扶手的扁钢插入洞中，用细石混凝土或水泥砂浆填实，如图 7-16（a）所示；也可将扁钢用木螺钉固定在墙内预埋的防腐木砖上，如图 7-16（b）所示；当为钢筋混凝土墙或柱时，则可预埋钢件焊接，如图 7-16（c）所示。

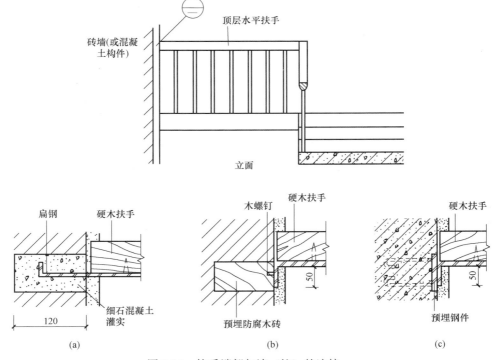

图 7-16　扶手端部与墙（柱）的连接

（a）预留孔洞插接；（b）预埋防腐木砖木螺钉连接；（c）预埋钢件焊接

7.3 楼梯工程施工图识图要点

7.3.1 楼梯平面图

阅读楼梯平面图时，应注意以下方面：

1）楼梯平面图中一般画一条与踢面线成 30°的折断线。各层下行梯段不予剖切。识读时注意楼梯间平面图为房屋各层水平剖切后的向下正投影，如同建筑平面图。如果中间几层构造一致，通常只画一个标准层平面图。因此，楼梯平面详图一般只画出底层、中间层及顶层三个平面图。

2）通过阅读楼梯平面图，明确楼梯间的轴线编号、开间及进深尺寸，楼地面与中间平台的标高，以及梯段长度、平台宽度等细部尺寸。

3）注意梯段长度的尺寸一般标为：踏面数×踏面宽＝梯段长。

现以图 7-17 为例，说明某商住楼楼梯平面图的读图方法和步骤。

1）楼梯间在建筑中的位置。从定位轴线的编号可知楼梯间的位置。

2）楼梯间的开间、进深，墙体的厚度，门窗的位置。从图 7-17 可知，该楼梯间开间为 2600mm，进深 6000mm；墙体的厚度为外墙 370mm，内墙 240mm。

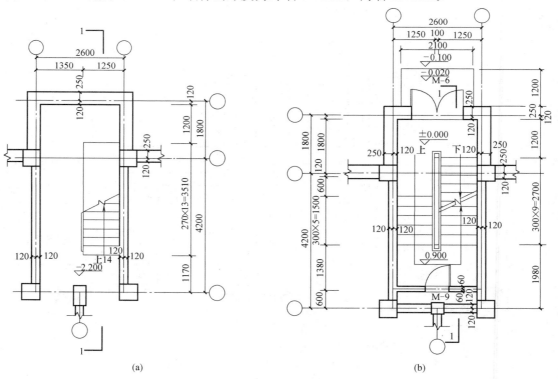

(a)   (b)

图 7-17 某商住楼楼梯平面图（一）

（a）地下室楼梯平面图（1：50）；（b）一层楼梯平面图（1：50）；

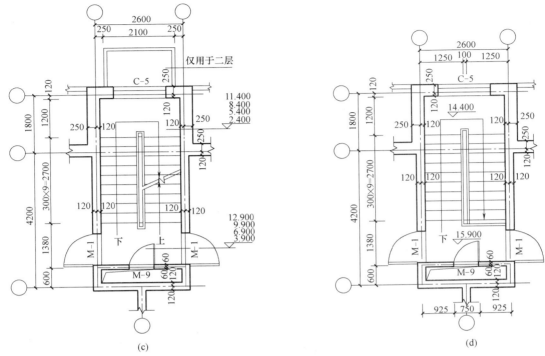

图 7-17　某商住楼楼梯平面图（二）

(c) 标准层楼梯平面图（1∶50）；(d) 六层楼梯平面图（1∶50）

3）楼梯段、楼梯井和休息平台的平面形式、位置，踏步的宽度和数量。从图中可以看到，每层平面图中有两跑梯段，表明该楼梯是双跑式，每跑楼梯段的踏步数不等，在地下室楼梯平面图中，地下室的梯段为一跑，踏步数 13 个，梯段长度为 $270 \times 13 = 3510$mm，一层入楼门后需上 6 个踏步，踏步尺寸为 $300 \times 5 = 1500$，上二层第一跑梯段 9 个踏步，梯段长度 $300 \times 9 = 2700$mm，其余相同，梯段宽度为 $1250 - 120 = 1130$mm，梯井的宽度为 100mm，平台的宽度为 1200mm。

4）楼梯的走向以及上下行的起步位置。该楼梯走向如图中箭头所示，两面平台的起步尺寸分别为：地下室 1170mm，其他层 1980mm。

5）楼梯段各层平台的标高。图中地下室地面标高为 -2.200m，入口处地面标高为 ± 0.000m，其余平台标高分别为 0.9m、2.4m、3.9m、5.4m、6.9m、8.4m、9.9m、11.4m、12.9m、14.4m 和 15.9m。

6）在一层平面图中，了解楼梯剖面图的剖切位置及剖视方向。在一层平面图中可以看到，剖切符号在楼梯间的右侧，该位置可以剖切到每层的第一跑楼梯，以及楼梯间的门窗洞口及管道间的门洞口。

7.3.2　楼梯剖面图

阅读楼梯剖面图时，应注意以下方面：

1）楼梯剖面图一般用 1∶50 的比例画出。其剖切位置通常选择在通过第一跑梯段及门窗洞口，且向未剖切到的第二跑梯段方向投影。阅读时注意图中比例及投影方向。

2）剖到梯段的步级数可以直接看到，未剖到梯段的步级数因被栏板遮挡或者因梯段为暗步梁板式等原因而不可见时，可以用虚线表示，阅读时需注意这一点。

3）多层或者高层建筑的楼梯间剖面图，如果中间若干层构造一样，可以用一层表示这些相同的若干层剖面，因此阅读时，从此层的楼面与平台面的标高可看出所代表的若干层情况。

4）阅读时，水平方向确定被剖切墙的轴线编号、轴线尺寸以及中间平台宽、梯段长等细部尺寸。

5）阅读时，竖直方向确定剖到墙的墙段、门窗洞口尺寸以及梯段高度、层高尺寸。

现以图 7-18 为例，说明某办公楼楼梯剖面图的读图方法和步骤。

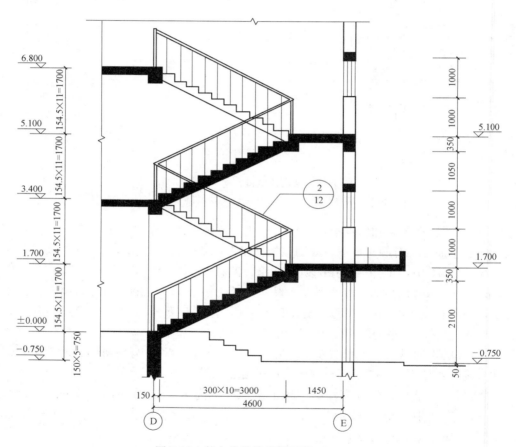

图 7-18　某办公楼楼梯剖面图（1∶50）

1）此图的比例是 1∶50，是从楼梯上行的第一个梯段剖切的。楼梯梯段长为 3000mm，踏面宽度均为 300mm，楼梯休息平台宽度为 1450mm。

2）楼梯每层都有两个梯段，每一个梯段均为 11 级踏步，每级踏步高为 154.5mm，每个梯段高为 1700mm。

3）楼梯间窗户、窗台高度以及扶手的高度均是 1000mm。

7.3.3 楼梯详图

阅读楼梯详图时，应注意以下方面：

1）通过阅读楼梯详图，明确楼梯的造型样式、材料选用以及尺寸标高；

2）通过阅读楼梯详图，明确楼梯所依附的建筑结构材料、连接作法等；

3）通过阅读楼梯详图，明确栏杆扶手的详细构造组成。

现以图7-19为例，说明某建筑圆形楼梯详图的读图方法和步骤。

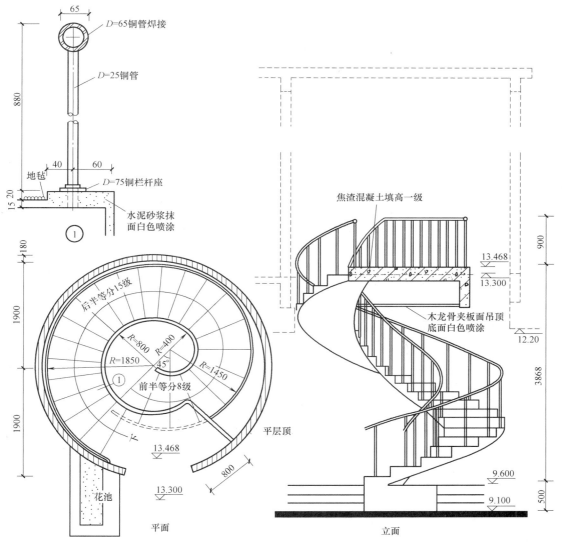

图7-19　某建筑圆形楼梯详图

1）该楼梯为圆形楼梯，占地尺寸为3800mm×3800mm，楼梯高度为3.868m。楼梯主要由两段不同半径的圆弧组成，上半段楼梯宽度为1850－800＝1050mm，分为15级，每个踏步外端宽度为2π×1900/2×15＝398mm。下半段楼梯宽度为1450－400＝1050mm，分为8级，每个踏步外端宽度为2π×1450/2×8＝569mm。每个踏步高为

3868/(14＋8)＝176mm。

2）在圆楼梯踏步混凝土板的下面，是由木龙骨和木夹板组成的吊顶，表面白色喷涂。

3）该楼梯为钢筋混凝土结构，栏杆与扶手是铜制成。楼梯扶手上沿端距地毡表面高度为 900mm，扶手直径为 65mm。栏杆固定在混凝土基础上，栏杆直径为 25mm，铜栏杆座直径为 75mm。

7.3.4　楼梯栏板详图

阅读楼梯栏板详图时，应注意以下方面：

1）现代装饰工程中的楼梯栏板（杆）的材料通常比较高档，工艺制作精美，节点构造讲究，所以其详图也相对比较复杂，识读时应认真仔细。

2）楼梯栏板（杆）详图，通常包括楼梯局部剖面图、顶层栏板（杆）立面图、扶手大样图、踏步及其他部位节点图，识读时注意区分。

3）按索引符号所示顺序，逐个阅读研究各节点大样图。弄清各细部所用材料、尺寸、构造作法以及工艺要求。

4）阅读楼梯栏板详图应当结合建筑楼梯平、剖切图进行。计算出楼梯栏板的全长（延长米），以便安排材料计划和施工计划。

5）对其中与主体结构连接部位，要看清楚固定方式，应照会土建施工单位，在施工中按照图示位置安放预埋件。

现以图 7-20 为例，说明楼梯踏步、栏杆、扶手详图的读图方法和步骤。

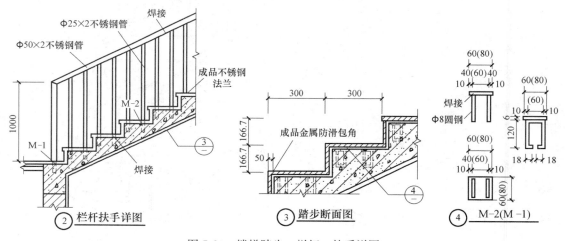

图 7-20　楼梯踏步、栏杆、扶手详图

1）楼梯的扶手高 1000mm，使用直径 50mm、壁厚 2mm 的不锈钢管，扶手和栏杆连接方式采用焊接方式。

2）楼梯踏步的作法通常与楼地面相同。踏步的防滑使用成品金属防滑包角。

3）楼梯栏杆底部与踏步上的预埋件 M-1、M-2 通过焊接连接，连接后盖不锈钢法兰。预埋件详图用三面表投影图示出了预埋件的具体形状、尺寸以及作法，括号内的数字表示的是预埋件 M-1 的尺寸。

建筑装饰工程识图实例

8.1 建筑装饰施工平面图识图实例

实例 1：某别墅一层装饰平面布置图识图

某别墅一层平面图如图 8-1 所示，从图 8-1 中可以看出：

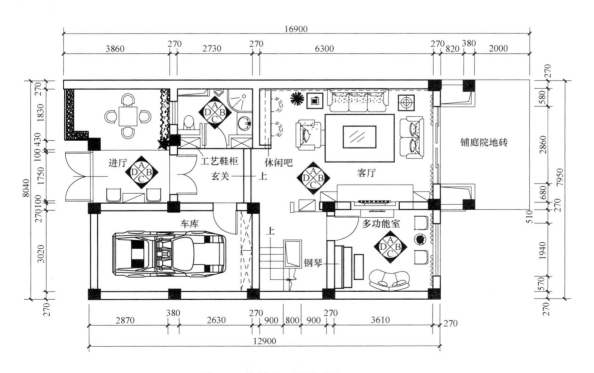

图 8-1 某别墅一层平面图（1∶100）

1）该平面图由进厅、玄关、客厅、多功能室、卫生间、楼梯间、车库及绿化景观室、室外庭院组成。其图面的表现形式是用粗实线表示各房间的墙体分隔，图中的涂黑方形图例表示该位置是混凝土柱，基本表明该住宅的结构形式是框架结构。室内的布置、家具及内含物则用中实线表示。

2）进户门是向外侧开的双扇门，门洞尺寸为1750mm，双侧门垛各为100mm，在进厅的一侧布置桌和座椅。

3）玄关的进门是双扇向内侧开的，门角处有一工艺品柜，玄关比客厅的地面标高低两个台阶。

4）玄关与客厅之间没有设置门，客厅往庭院有双扇推拉门，推拉门内侧有通长的窗帘，客厅布置有休闲吧台、吧凳、沙发、茶几、电视柜、电视、台灯、电话、地毯等。

5）多功能室的门为单扇内开门，有外窗，宽1940mm，通长窗帘，布置钢琴、沙发、茶几、座凳、绿化等。

6）卫生间有内开单扇门，布置有坐便器、洗面盆、淋浴房、小便斗等卫生洁具，有两个管道井建筑构件。

7）楼梯为三跑，有楼梯井，宽800mm，楼梯间宽900mm。

8）车库有内开单扇门，一端布置了吊柜。

9）两侧布置绿化。

实例2：某宾馆会议室平面布置图识图

某宾馆会议室平面布置图如图8-2所示，从图8-2中可以看出：

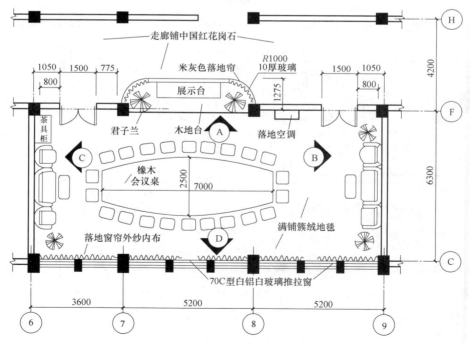

图8-2　某宾馆会议室平面布置图

1）本会议室平面为三开间，长自⑥轴到⑦轴线共 14m，宽自ⓒ轴到ⓕ轴线共 6.3m，ⓕ轴线向上有局部突出；各室内柱面、墙面均采用白橡木板装饰，尺寸见图；室内主要家具有橡木制船形会议桌、真皮转椅，及局部突出的展示台和大门后角的茶具柜等家具设备。

2）表明装饰结构的平面布置、具体形状及尺寸，饰面的材料和工艺要求。通常装饰体随建筑结构而做，如本图的墙、柱面的装饰。但有时为了丰富室内空间、增加变化和新意，而将建筑平面在不违反结构要求的前提下进行调整。本图上方平面就作了向外突出的调整：两角做成 10mm 厚的圆弧玻璃墙（半径 1m），周边镶 50mm 宽钛金不锈钢框，平直部分作 100mm 厚轻钢龙骨纸面石膏板墙，表面贴红色橡木板。

3）本图中，船形会议桌是家具陈设中的主体，位置居中。其他家具环绕会议桌布置，为主要功能服务。平面突出处有两盆君子兰起点缀作用；圆弧玻璃处有米灰色落地帘等。

4）图中，大门为内开平开门，宽为 1.5m，距墙边为 800mm；窗为铝合金推拉窗。

5）如图中的Ⓐ，即为站在 A 点处向上观察⑦轴墙面的立面投影符号。

实例 3：某住宅顶棚平面图识图

某住宅顶棚平面图如图 8-3 所示，从图 8-3 中可以看出：

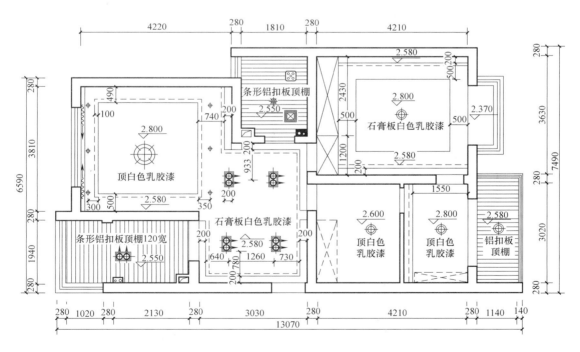

图 8-3　某住宅顶棚平面图（1：50 镜像）

1）本住宅室内空间的客厅、门厅、主卧室顶部均采用了常规的石膏板吊顶作法。

2）原室内空间净高为 2.8m，客厅、门厅、主卧室吊顶标高 2.580m，则可以得知其吊顶高 220mm。次卧室空间吊顶高 200mm。

3）厨房、卫生间的顶部采用每条宽为 120mm 的铝扣板吊顶，高为 250mm，阳台采用同样铝扣板吊顶高 220mm。

4）客厅吊顶的四周藏有灯带槽，中央顶部设有起到空间统一作用的吊灯，沿窗户位置设有窗帘盒。

5）门厅、餐桌上空吊顶沿墙部位也设置有暗藏灯带，其距墙空隙 200mm。

6）主卧室、次卧室、书房、阳台顶棚中央均设有吸顶灯一个，规格大小和品牌可以由业主自定。

7）主卧室、书房顶棚部分位置也设有暗藏灯带。

8）卫生间顶棚设有浴霸和排风设备各一个，厨房顶棚设有射灯照明。

9）顶棚空间中各构件详细尺寸如图 8-3 所示。

实例 4：某洗浴中心一层平面布置图识读

某洗浴中心一层平面布置图如图 8-4 所示，从图 8-4 中可以看出：

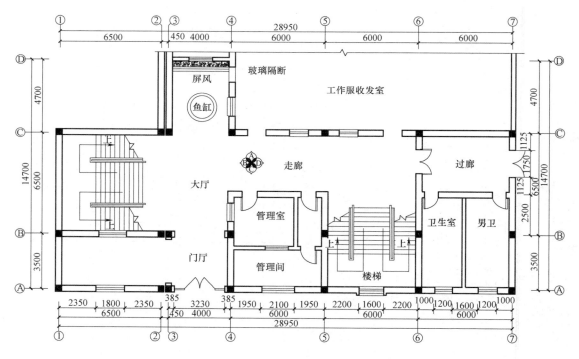

图 8-4　某洗浴中心一层平面布置图（1∶100）

1）从图中可以看到，一层室内房间的主要布局有经过大门入口到达门厅再到大厅。大厅的东面是走廊，走廊的南面与管理间和楼梯相连，走廊的北面是工作服收发室。走廊的对面是过廊，连接卫生室和男卫生间。此图的比例是 1∶100。

2）在此一层平面图中，根据要求，装饰的重点是大厅及走廊。可以看到在大厅的后部有装饰的鱼缸和屏风。屏风是自然风格的，可以看到屏风的底部是鹅卵石。大厅是长条

形的。尺寸开间是 4m，进深是 6.5m。走廊的长度尺寸是 12m，宽度是 4m。地面的标高
为 0.000。由于此图一层的装修主要集中在大厅和走廊，所以房间的具体陈设布局并没有
表示。

3）为表示室内立面在平面图中的位置及名称，在大厅中绘出了四面墙面的内视图符
号，即以该符号为站点分别以 A、B、C、D 四个方向观看所指墙面，并且以该字母命名
所指墙面立面图的编号。

4）平面布置图中，通常应标注固定家具或造型等的尺寸。装饰平面布置图中的外围
尺寸与建筑平面图中所标的尺寸相同。第一道为房屋门窗洞口、洞间墙体或墙垛的尺寸；
第二道为房间开间及进深的尺寸；第三道为整体尺寸。

实例 5：某洗浴中心一层地面布置图识读

某洗浴中心一层地面布置图如图 8-5 所示，从图 8-5 中可以看出：

1）除了管理室、管理间及过廊为 800mm×800mm 的地砖外，其他的地方，如门厅、
大厅、走廊、楼梯间，都是 800mm×800mm 白麻石材做成。

2）在大厅的中间和走廊的中央有大理石拼花造型。

3）地面均设 200mm 宽黑金砂石材串边。

实例 6：某洗浴中心一层顶棚布置图识读

某洗浴中心一层顶棚布置图如图 8-6 所示，从图 8-6 中可以看出：

1）门厅顶棚作法是铝塑板饰面。中间有一长方形的造型，标高为 3.030m，中间为
一方形吊灯。长方形外侧吊顶标高为 2.800m，其宽度为 700mm。虚线代表是隐藏的日光
灯槽板。其顶棚作法比较简单。

2）而大厅的顶棚作法就比较复杂。前后两部分顶棚有不同的作法。前部造型是矩形，
中间是铝塑板饰面，标高为 3.030m。其距离两边的尺寸分别为 1400mm 和 600mm。为了
增加效果，在矩形内 500mm 的位置处，为 100mm 宽木压线刷金粉漆。最中间为两个方
形吊灯。沿矩形一周有隐藏的日光灯槽板。矩形外侧作法和后部相同是轻钢龙骨石膏板吊
顶，满刮腻子刷乳胶漆饰面。大厅的后部为一圆形造型，直径为 1900mm，并均布五个热
弯造型玻璃，其尺寸长为 850mm，宽为 400mm。其标高与前部矩形造型相同。热弯玻璃
中各有一筒灯。圆形造型中部为一圆形吊灯。在圆形造型外侧同样是隐藏的日光灯槽板。
圆形外侧作法和前部相同。

3）图中，走廊的顶棚作法与大厅的前部顶棚作法相似，故不再重复说明。过廊的顶
棚作法也较复杂。在中间矩形的造型中，并不是单一的造型，而是又做了三个相同的条形
的造型，其宽度为 400mm。此造型的作法是中间为石膏板饰面，标高为 3.270m 并均布
两个筒灯。条形造型的两侧为铝塑板饰面，标高为 3.250m。由于整个矩形造型的标高为
3.150m，矩形外侧的标高为 2.900m，所以整个顶棚的效果错落有致，在日光灯槽板中隐
藏筒灯柔和的灯光照射下，空间效果很好。另外，管理室的顶棚作法最为简单，其作法为
600mm×600mm 的微孔铝板。

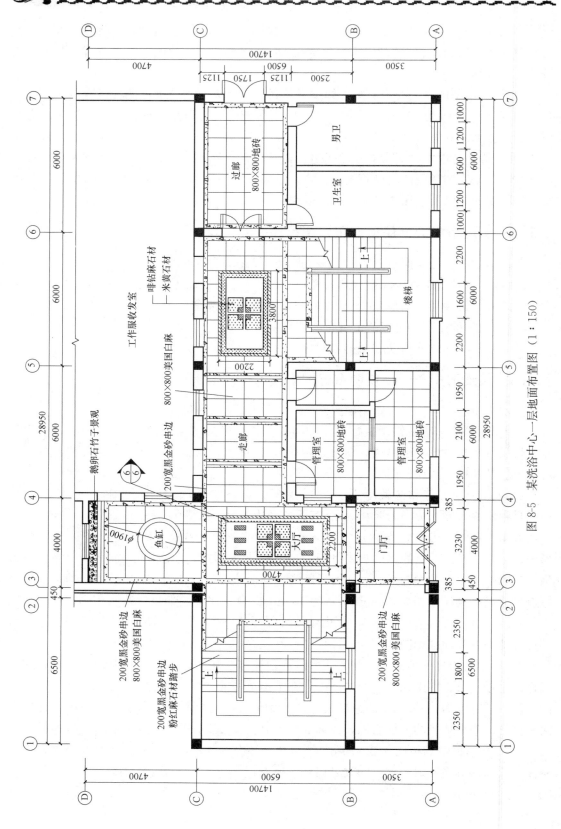

图 8-5 某洗浴中心一层地面布置图 (1:150)

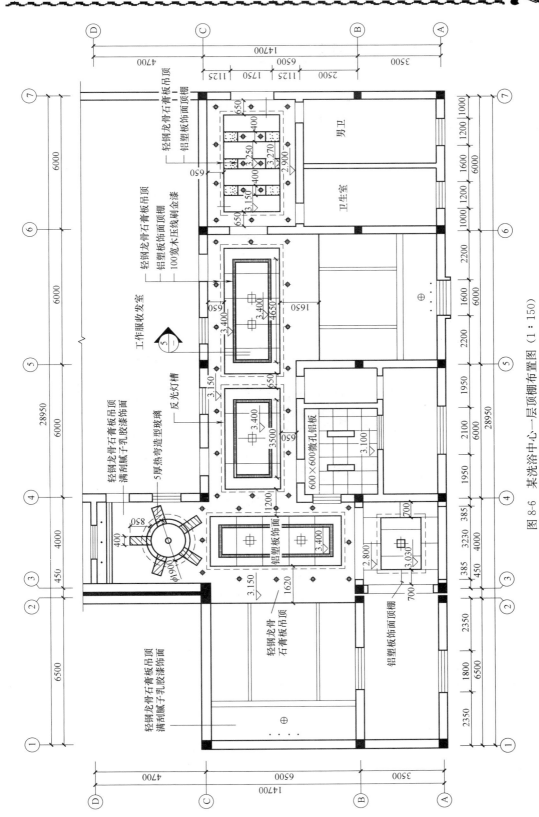

图 8-6 某洗浴中心一层顶棚布置图（1∶150）

8.2　建筑装饰施工立面图识图实例

实例 7：某别墅室内客厅立面图识图

某别墅室内客厅立面图如图 8-7 所示，从图 8-7 中可以看出：

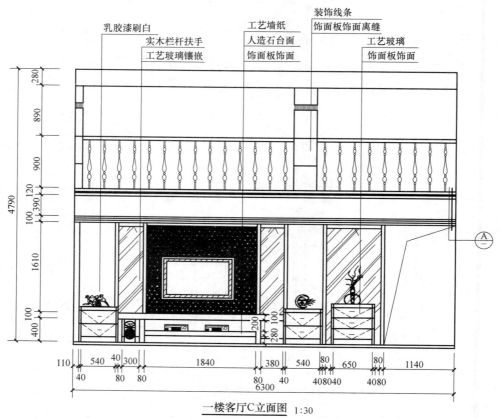

一楼客厅C立面图　1:30

图 8-7　某别墅室内客厅内立面图

1）该立面图所处为一楼客厅的位置。

2）一楼客厅按内视符号的指向有四个立面图，分别为 A、B、C、D 立面图，现取较复杂的 C 向立面图来识读。

3）该立面有一个电视柜和三个带抽屉的矮柜，具体尺寸和位置见该图中所标注的尺寸。

4）该立面图墙面有电视背景墙，从材料标注上看选用的是墙纸；电视背景墙两侧是有外框的工艺玻璃镶嵌造型。

5）电视镶嵌在电视背景墙上，电视下方是电视柜，电视柜由饰面板饰面，高度尺寸见图。

6）玻璃镶嵌造型的外侧是刷乳胶漆的刮白墙面。

7）电视背景墙的右侧是一个门洞，挨着门洞的左侧有一个工艺玻璃造型的墙面。

8）从立面图上看，该立面为二层，上层由实木栏杆扶手安装在立柱之间，立柱表面由饰面板饰面，中间有装饰线条。立柱左侧的为半柱，中间的为整柱。

9）在该立面图的右侧引出了剖切线的符号，说明在本图上 A 剖视图是一层与二层之间立面剖视详图。

10）该立面图没有标高标注，有水平和垂直两种尺寸。图形的比例尺为 1:30。

实例 8：室内立面图识图

室内立面图如图 8-8 所示，从图 8-8 中可以看出：

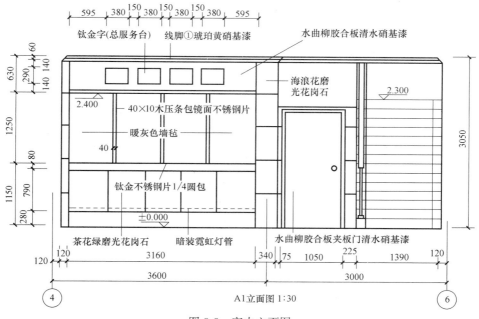

图 8-8　室内立面图

1）该图为 A1 立面图，注脚 1 表明是底层。

2）左边为总服务台，中部为后门过道，右边为底层楼梯。

3）服务台右边沿粗实线表明该墙面向里折进。

4）地面标高为 ±0.000。门厅四沿顶棚标高 3.050m。该图未图示门厅顶棚。

5）总服务台上部有一下悬顶，标高为 2.400m，立面有四个钛金字，字底是水曲柳板清水硝基漆。

6）总服务台立面是茶花绿磨光花岗石板贴面，下部暗装霓虹灯管，上部圆角用钛金不锈钢片饰面。

7）服务台内墙面贴暖灰色墙毡，用不锈钢片包木压条分格。

8）总服务台立面两边墙柱面与后门墙面用海浪花磨光花岗石板贴面，对应门厅其他视向立面图，可知门厅全部内墙面均为花岗石板，工艺采用钢钉挂贴。

9）四沿顶棚与墙面相交处用线脚①收口。线脚属于装饰零配件，因而其索引符号用 6mm 的细实线圆表示。

实例9：主卧室装修立面图识图

主卧室装修立面图如图8-9所示，从图8-9中可以看出：

1）A墙面贴玉兰牌壁纸，暗壁灯2盏，开关设在床头柜两侧，下做80mm高木踢脚板，靠北端留出衣柜遮挡处墙面。另外，A里面中还表明了衣柜上部吊顶、南窗窗帘盒及窗前暖器罩的作法。

2）B立面图主要表明窗的形式与窗帘盒高度、宽度及暖气罩与台板的作法；暖气散热窗做木百叶刷白漆，台板用人造大理石，暖气罩两侧做石膏板刷白乳胶漆。

3）C立面表明了卧室西墙装修、吊顶及踢脚板的作法。

4）D立面图主要表明房间内门形式与作法；门为红松拼接材；门套为50mm宽中密板喷白漆；墙面也是在原墙面上刷立邦美得丽乳胶漆。

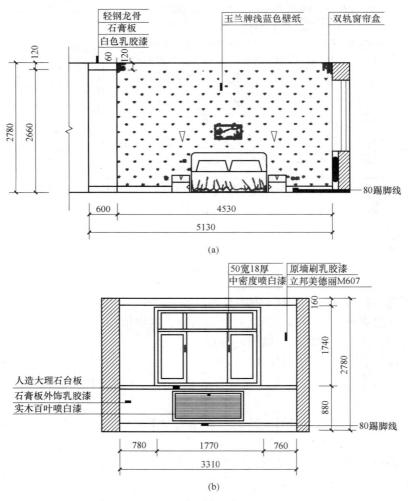

图8-9 主卧室装修立面图（一）

（a）主卧A立面图（1∶50）；（b）主卧B立面图（1∶50）；

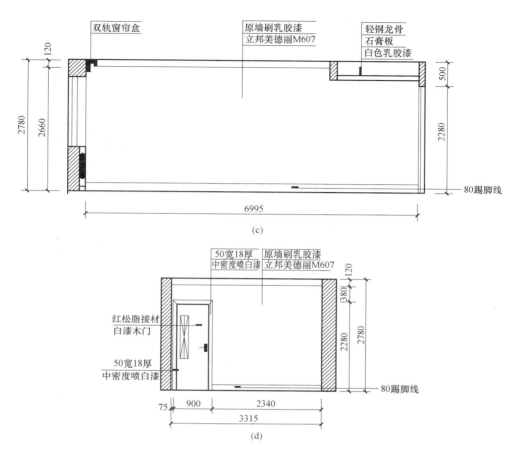

图 8-9　主卧室装修立面图（二）

（c）主卧 C 立面图（1∶50）；（d）主卧 D 立面图（1∶50）

实例 10：装饰立面图识图

装饰立面图如图 8-10 所示，从图 8-10 中可以看出：

1）地面标高为±0.000m，顶棚标高为 2.60m。

2）顶棚和墙交界有石膏顶棚线，墙贴进口墙（壁）纸，墙纸和石膏线之间是花纹墙纸腰线，踢脚板为进口红影木。

3）本图吊顶和墙之间用石膏装饰线收口，其他各装饰面之间衔接简单，故没有详图介绍构造。

4）门为进口红影木制起鼓造型门。

5）装饰壁灯 2 盏，高 1900mm；电器插座 3 个，电视插座 1 个。

6）电视机 1 台，高 550mm，进口红影木电视柜 1 个。

实例 11：某洗浴中心一层三个方向的立面图识读

某洗浴中心一层三个方向的立面图如图 8-11 所示，从图 8-11 中可以看出：

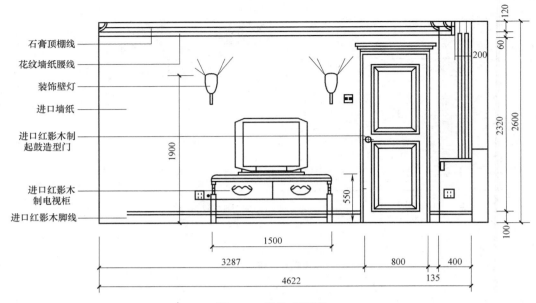

图 8-10 装饰立面图

1）如图 8-11 中所给的立面图，是走廊的 A、C、D 三个方向的立面图。首先，要从整体的平面布置图中确立方位，确定要识读的区域；然后，在平面布置图中按照内视符号的指向，依次识读走廊 A、C、D 三个方向的立面情况。

2）在走廊 A 立面上，主要是两个门洞、两个壁龛和墙的造型。在 C 的立面上主要是两个门和墙的造型。在 D 立面图中主要是一个双扇玻璃门及墙面造型。

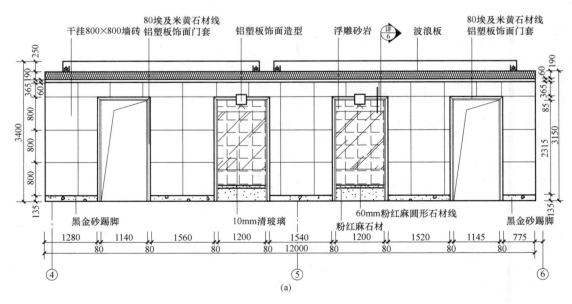

(a)

图 8-11 某洗浴中心一层三个方向的立面图（1∶50）（一）

（a）A 立面图

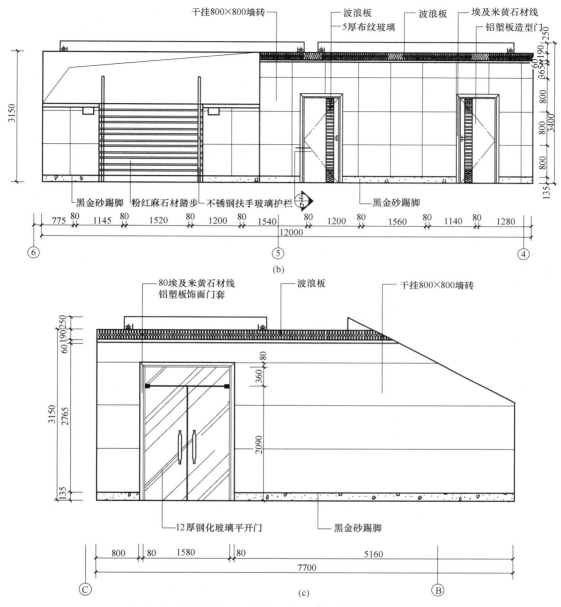

图 8-11 某洗浴中心一层三个方向的立面图（1∶50）（二）
(b) C 立面图；(c) D 立面图

3）在 A 立面图中，东西方向各开有一个门洞，其作法为：门套的正立面是 80mm 的埃及米黄石材压线，侧立面是铝塑板饰面，深度为 520mm。从图中可以知道门洞的尺寸宽为 1140mm，高为 2450mm。中间为两个壁龛造型，也是整个墙面的重点的装饰造型部分。其外围作法和门洞的外围作法一样，都是 80mm 的埃及米黄石材压线。上部为铝塑板造型，中间是大面积的浮雕砂岩，最下部是粉红色麻石材的底座，其上是用 60mm 的半圆形石材压线。在浮雕砂岩前有 12mm 厚的玻璃起一个防护及防尘作用。其宽度尺寸为 1200mm，高度尺寸与门洞的尺寸相同，都是 2450mm。最后，看一下墙面的作法，在上部是金黄色波浪板压线，高度为 1190mm。而整个墙面是干挂 800mm×800mm 的墙砖。所谓干挂是指石材及大规格瓷砖的一种安装方法。也就是用槽钢、角钢龙骨架及不锈钢挂件做底层，然后用石材干挂胶粘接一种施工工艺。墙面的下部是黑金砂的踢脚线。

4）在 C 立面图中，可以看到整个墙面的作法和 A 立面图中相同，不同的是在 C 立面图中，有两樘门。在门的造型中，门套的作法与 A 立面图中相同都是 80mm 的埃及米黄石材压线，在左边门的图中相交的点画线是表示门的开启位置，也就是说门的固定端在左侧，开启的一侧为右侧。整个门的作法也比较简单。在靠门把手处，有一竖直的装饰造型。在其上下两端是波浪板，中间是布纹玻璃。其尺寸可以从图中得知，宽 880mm，高为 2160mm。而右侧的门与左侧门在作法上相同，仅仅门的方位和横向的宽度有所不同。整个门的装饰效果简洁、大方，其竖直装饰条纹与墙面的横向波浪板装饰相呼应，浑然一体。

5）在 D 立面图中，造型比较简单。其墙面和前面的 A 和 D 立面的墙面作法相同。主要是有一双扇开启的无框玻璃地弹门。其双扇门的高度为 2090mm，宽度为 1580mm，其固定的上亮窗高为 360mm，门套的作法和前面的作法也相同，是 80mm 埃及米黄石材压线；侧面是铝塑板饰面门套，厚 640mm。需要注意的是，右侧的斜线表示的是楼梯。

8.3　建筑装饰施工剖面图识图实例

实例 12：某建筑室内装饰整体剖面图识读

某建筑室内装饰整体剖面图如图 8-12 所示，从图 8-12 中可以看出：

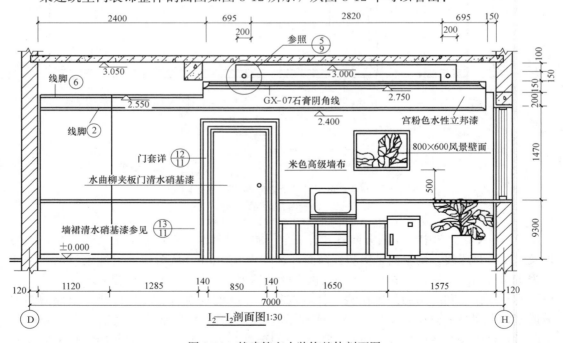

图 8-12　某建筑室内装饰整体剖面图

1) 该图是从二层平面布置图上剖切得到的。

2) 该室内顶棚有三个跌级，标高分别为 3.000m、2.750m 和 2.550m。从混凝土楼板底面结构标高，可知最高一级顶棚的构造厚度只有 0.05m，也就是说只能用木龙骨找平后即行铺钉面板，从而明确该处顶棚的构造方法。

3) 根据剖面编号注脚找出相对应的二层顶棚平面图，可知该室内顶棚均为纸面石膏板面层，除最高一级顶棚外，其余顶棚的主要结构材料为轻钢龙骨。

4) 最高一级顶棚与二级顶棚之间设有内藏灯槽，宽 0.20m，高 0.25m。

5) ⑭轴墙上有窗，窗帘盒是标准构件，见标准图集。

6) 二级顶棚与墙面收口用石膏阴角线，三级顶棚与墙面收口用线脚⑥。

7) 墙裙高 0.93m，作法参照装饰施工详图。

8) 门套作法详见装饰施工详图；墙面裱米色高级墙布，白线脚②以上为宫粉色立邦漆；墙面有一风景壁画，安装高度距墙裙上口 0.50m，横向居中。

9) 室内靠墙有矮柜、冰柜、电视，右房角有盆栽植物等。

实例 13：电视背景墙剖面图识图

电视背景墙剖面图如图 8-13 所示，从图 8-13 中可以看出：

1) 放置电视机的大理石台面板出挑 500mm，高于地面 420mm，厚度为 40mm（以伸入墙内 $\phi12$ 的钢筋支撑），下设可以放置杂物的抽屉，抽屉的饰面也采用了紫罗红大理石质地的饰面板，总高 150mm。

2) 电视机背景墙主体采用 10mm 厚背漆磨砂玻璃装饰并以广告钉固定装饰到墙面上，凸出于背漆玻璃装饰面的是高约 700mm 且带有 9 厘板基层的装饰铝塑板，其厚度为 160mm，且内暗藏灯带。

3) 悬挂式吊顶顶棚空间设有暗藏灯带及射灯，石膏板吊顶有 220mm 高，其他详细

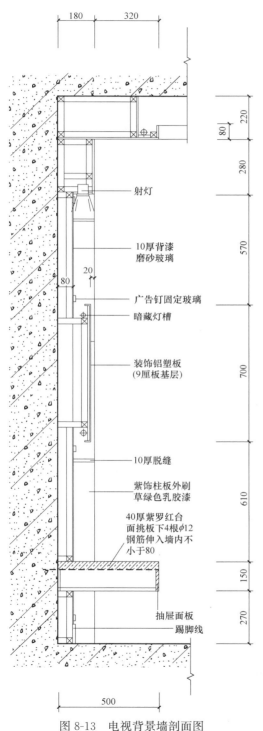

图 8-13　电视背景墙剖面图

（图中标注）

射灯

10厚背漆磨砂玻璃

广告钉固定玻璃
暗藏灯槽

装饰铝塑板
（9厘板基层）

10厚脱缝

紫饰柱板外刷草绿色乳胶漆

40厚紫罗红台面挑下4根φ12钢筋伸入墙内不小于80

抽屉面板
踢脚线

尺寸和装修界面详见图 8-13。

实例 14：某别墅墙面装饰剖面图识读

某别墅墙面装饰剖面图如图 8-14 所示，从图 8-14 中可以看出：

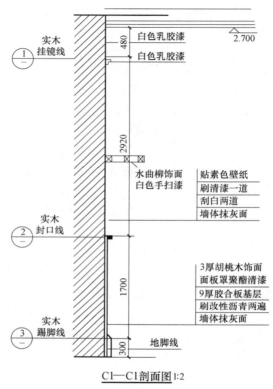

C1—C1剖面图1:2

图 8-14　某别墅墙面装饰剖面图

1）踢脚线、墙裙封边线、挂镜线都凸出墙面；踢脚线高为 300mm，踢脚线上方是墙裙，高为 1700mm；墙裙上方刮白贴色素壁纸，高为 2900mm；挂镜线以上至顶棚底面为挂白罩白色乳胶漆，高为 480mm。

2）顶棚没有顶角线。

3）挂镜线上方为挂白、墙面罩乳胶漆。

4）顶棚底面标高是 2.700m。

8.4　建筑装饰施工详图识图实例

实例 15：某洗浴中心一层走廊吊顶详图识读

某洗浴中心一层走廊吊顶详图如图 8-15 所示，从图 8-15 中可以看出：

1）此吊顶为两级吊顶。

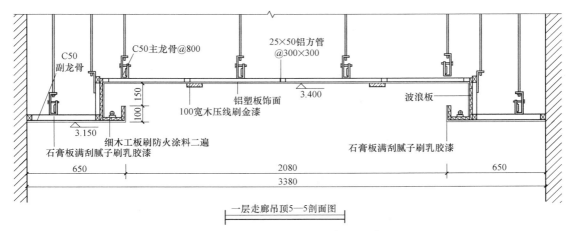

一层走廊吊顶5—5剖面图

图 8-15　某洗浴中心一层走廊吊顶详图

2）一级吊顶平面顶棚首先用 $\phi8$ 的 800mm 间距的吊筋螺栓连接吊挂单向 50 号轻钢主龙骨，然后用轻钢连接插件连接 25mm×50mm/400mm×400mm 间距铝方管龙骨架，铝塑板面层用万能胶与铝龙骨架粘牢，又在铝塑板面上钉 100mm 宽木压线金漆饰面造型。

3）二级吊顶基层同上面层为普通纸面石膏板。灯槽立板首先用木龙骨架与吊筋连接，然后用 18mm 厚细木工板作基层，灯槽内部立板表层镶贴金色波浪板，灯槽外挑部分防腐后和二级吊顶直接满刮腻子刷乳胶漆。

实例 16：某洗浴中心一层走廊壁龛造型详图识读

某洗浴中心一层走廊壁龛造型详图如图 8-16 所示，从图 8-16 中可以看出：

1）明确装饰的具体造型。图中，可看到外围是 80mm 埃及米黄石材压线。最上部是一个在细木工板基层上的铝塑板造型，其内放置射灯。此造型高出上部的压线 50mm，中间的部分是用 75 系列轻钢龙骨埃特板做基层，上面镶贴的是浮雕砂岩板。并且浮雕砂岩板的前部，是 12mm 的厚钢化玻璃来增强效果。在其下部是用干挂的方法制作的粉红麻石材饰面。并且其上用 60mm 宽的粉红麻石材半圆线收口。

2）把正立面图和壁龛 1-1 剖面图的尺寸对应起来，明确各装饰造型部分的定形和定位尺寸。上部的铝塑板造型其定形尺寸为宽度 250mm，高度 250mm，侧面深度 340mm。其定位尺寸为在高度超出上面的压线 50mm，宽度居中，深度以墙面为基准。钢化玻璃的定形尺寸高度为 1410mm，宽度 1200mm，厚度为 12mm，并且其距离墙面的定位尺寸为217mm。高度定位尺寸在侧立面图中可以看到是在铝塑板造型下方 170mm 处。其他局部尺寸比较简单，不再一一叙述。

3）要对整个造型的整体尺寸有所了解。其总宽是 1360mm，高是 2540mm，深度是 300mm。

4）壁龛 1-1 剖面图中，下部的作法是在支撑的墙面上用镀锌角钢打孔螺栓紧固不锈钢干挂件，然后用大理石胶把墙砖固定。中部是用通贯横撑龙骨做支撑，以 75 系列轻钢龙骨埃特板做基层，然后是浮雕砂岩做装饰面层。上部的作法较为复杂，有专门的节点详图表示其构造。

5）壁龛 2-2 剖面图主要来表达壁龛造型的内部和其外围的构造。识读此图时，首先从中间看起，在壁龛中部墙的基础上安装轻钢龙骨；然后，是埃特板做基层，其上的面层是 300mm×300mm 的浮雕砂岩。再读两边墙上干挂 800mm×800mm 瓷砖的内部构造。在支撑的墙面上是 50mm×50mm 镀锌角钢打孔螺栓紧固不锈钢干挂件，然后用大理石胶把墙砖固定。这种作法的好处是粘结牢固、施工简便，面层瓷砖不会因水泥砂浆基层膨胀

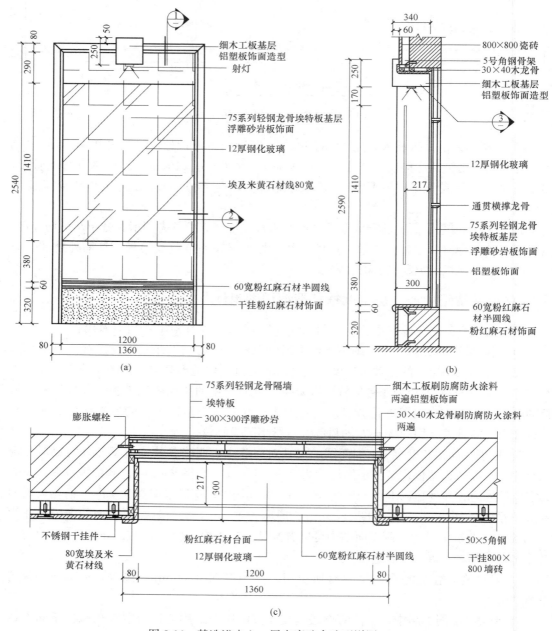

图 8-16　某洗浴中心一层走廊壁龛造型详图（一）

（a）一层走廊壁龛立面图①（1∶20）；（b）壁龛 1-1 剖面图（1∶20）；（c）壁龛 2-2 剖面图（1∶15）；

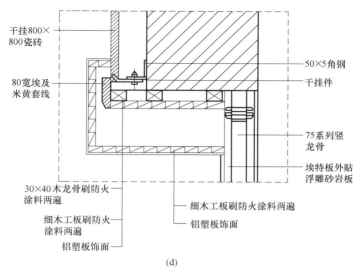

图 8-16　某洗浴中心一层走廊壁龛造型详图（二）

(d) 壁龛详图③（1∶15）

而变形脱落。最后，看侧面的构造，最里层是 30mm×40mm/400mm×400mm 间距木龙骨架，其上是细木工板，并且刷防火防腐的涂料两遍。再上面是铝塑板饰面，并在其前端阳角接缝位置粘结 80mm 宽埃及米黄石材线。在读这个图的内部构造时，要特别注意立面和侧面连接处角钢和木龙骨架的穿插使用。

6）图③中，主要说明的是壁龛上部顶面和与其结合的竖直墙面连接处的构造。其上部顶面作法是在原墙基础上，用 30mm×40mm 的木龙骨做支撑，然后用细木工板做基层，装饰面层为铝塑板。竖直墙面是用 50mm×50mm 的镀锌角钢固定，在其上用螺栓固定干挂件，然后用大理石胶把 800mm×800mm 的瓷砖粘上。这两个面连接处用 80mm 宽的埃及米黄套线收口。

实例 17：某洗浴中心一层走廊门窗套详图识读

某洗浴中心一层走廊门窗套详图如图 8-17 所示，从图 8-17 中可以看出：

1）图 8-17 中，立面图详细表明了门的各部分造型的材料尺寸。在其上下两端是波浪板，中间是布纹玻璃。其尺寸可以从图中得知，宽为 910mm，高为 2150mm。

2）在门的上部进行剖切，得到走廊门套 4-4 处的剖面详图。从图 8-17 中可看到作法如下：侧板先作木龙骨架，在木龙骨架外钉双层 18mm 厚细木工板作防火防腐处理，其中外层细木工板是为了作挡门板在门套的内侧装门处形成裁口，然后把铝塑板面层用万能胶粘结在细木工板作基层上，侧板与墙面瓷砖阳角结合部，用 80mm 宽米黄石材压线收口（两种材质或两块面结合部用木制、石材或金属材料覆盖在此处，俗称"收口"）。

实例 18：某洗浴中心一层走廊地面详图识读

某洗浴中心一层走廊地面详图如图 8-18 所示，从图 8-18 中可以看出：

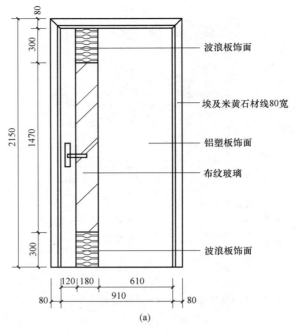

(a)

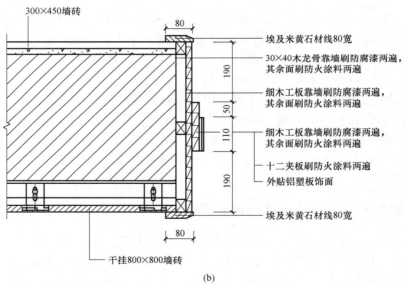

(b)

图 8-17 某洗浴中心一层走廊门窗套详图

(a) 门扇立面图（1：20）；(b) 门套剖面图（1：20）

1) 该图所示是一层大厅地面的拼花设计图，属局部平面图。

2) 该图标注了图案的尺寸、角度，用图例表示了各种石材，标注了石材的名称。图案为长方形造型，由一些矩形和方形组成。这样，也与顶棚的波浪板及所用方形吊灯相协调。

3) 图 8-18 中的Ⓐ详图表示该拼花设计图所在地面的分层构造，图中采用分层构造引出线的形式标注了地面每一层的材料、厚度和作法等，是施工的主要依据。

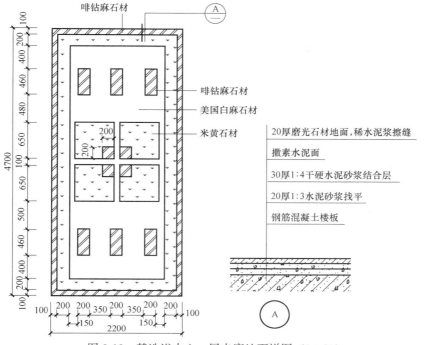

图 8-18　某洗浴中心一层走廊地面详图（1：20）

实例 19：某总服务台剖面详图识图

某总服务台剖面详图如图 8-19 所示，从图 8-19 中可以看出：

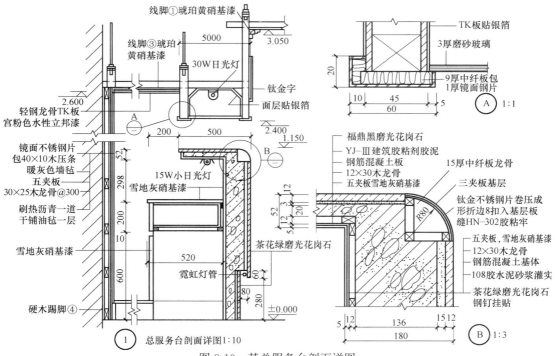

图 8-19　某总服务台剖面详图

1）总服务台高度为 1.15m，上部钛金不锈钢片圆角半径为 0.08m，下悬顶底面标高为 2.400m。立面上服务台两侧设有墙柱，表明服务台混凝土骨架与主体结构是连在一起的，起着稳定混凝土骨架的作用。

2）服务台由钢筋混凝土结构与木结构混合组成。顶棚采用轻钢龙骨 TK 板面层，下悬顶棚磨砂玻璃面层内装有日光灯。内墙面是木护壁上贴暖灰色墙毡，采用不锈钢片包木压条分格，引出线详细表明了它的分层作法与用料要求。

3）顶棚采用宫粉色水性立邦漆饰面，服务台木质部分施涂雪地灰硝基漆，跌级阴角分别采用线脚①、③收口。从 A、B 节点详图可以知道，这两个交汇点的详细构造作法。

实例 20：某住宅胶合板门详图

某住宅胶合板门详图如图 8-20 所示，从图 8-20 中可以看出：

1）图 8-20（a）为胶合板门的外立面，即看到的是胶合板门外面的情况，可以看出这是一扇带腰窗（带亮）的单扇胶合板门，门宽 880mm，门高 2385mm，配合 900mm×2400mm 门洞口。

2）胶合板门的立面图有 5 个索引符号，索引 5 个结点详图都在本图上。

3）详图 1 表示门框边梃与腰窗边梃结合情况，可以看出门框边梃断面为 55mm×75mm，腰窗边梃断面为 40mm×55mm。腰窗配一厚玻璃。

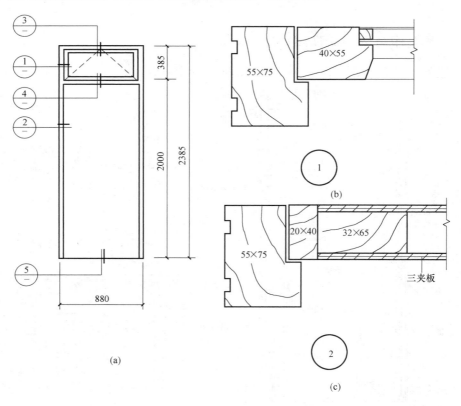

图 8-20　某住宅胶合板门详图（一）

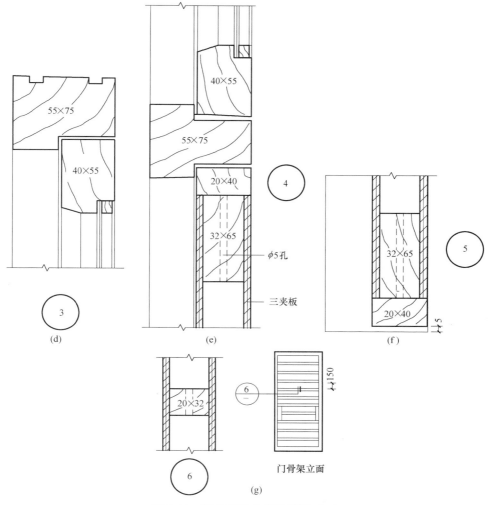

图 8-20 某住宅胶合板门详图（二）

4）详图 2 表示门框边梃与门扇边梃结合情况，可以看出门框边梃断面为 55mm×75mm，门扇边梃断面为 32mm×65mm，两面钉三夹板，加 20mm×40mm 保护边条。

5）详图 3 表示门框上坎与腰窗上冒结合情况门框上坎断面为 55mm×75mm，腰窗上冒断面为 40mm×55mm，配一厚玻璃。

6）详图 4 表示腰窗下冒、门框中档与门扇上冒结合情况，腰窗下冒断面为 40mm×55mm，门框中档断面为 55mm×75mm，门扇上冒断面为 32mm×65mm，两面钉三夹板，加 20mm×40mm 保护边条。

7）详图 5 表示门扇下冒与室内地面结合情况，门扇下冒断面为 32mm×65mm，两面钉三夹板，加 20mm×40mm 保护边条。边条下面离室内地面 5mm。

8）图 8-20（g）为胶合板门骨架组成示意图，并有索引详图 6，从详图 6 中可以看出骨架的横档断面为 20mm×32mm，两面钉三夹板。横档间距为 150mm。

9）为了门扇内部透气，在门扇的上冒、下冒及骨架横档的中央开设 ϕ5 气孔，气孔呈竖向；如胶合板门冷压加工时，可取消此气孔。

10）为了使结合点构造清楚，详图比例与立面比例是不一致的，详图是按放大比例绘制的。本图中，胶合板门立面比例为 1：30，详图比例为 1：2。腰窗立面上虚斜线表示里开上悬窗。

11）详图左侧为门的外面，右侧为门的里面，由此看出该胶合板门为里开门，腰窗为里开上悬窗。

实例 21：某住宅木制门详图

某住宅木制门详图如图 8-21 所示，从图 8-21 中可以看出：

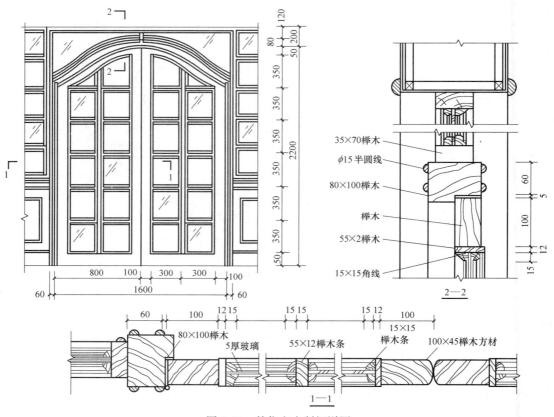

图 8-21　某住宅木制门详图

1）该木门是双扇玻璃木门，门洞宽为 1600mm，高为 2200mm。

2）门上边是弧形造型，门扇宽为 800mm、门边宽为 100mm，门扇内是由尺寸为 350mm×300mm 的田字格木框组成。

3）在门扇立面图上有两处剖面图索引符号 1-1 和 2-2，因此在本图纸的两侧有两个剖面图，分别为剖面图 1-1 和剖面图 2-2。

4）剖面图 1-1 是门扇的水平剖面图，剖面图 2-2 是门扇与门框的垂直剖面图。两个剖面图详细地表明了门扇门框的组成结构、材料与详细尺寸，如门边是由 100mm×45mm 的榉木方材制成，而门框是由 80mm×100mm 的榉木制成。

5）门框内外侧分别镶嵌 φ15 的半圆线，玻璃 5mm 厚，用 15mm×15mm 的木角线固定。

参 考 文 献

［1］ 中华人民共和国住房和城乡建设部. 房屋建筑制图统一标准 GB/T 50001—2017 ［S］. 北京：中国建筑工业出版社，2018.

［2］ 中华人民共和国住房和城乡建设部. 建筑制图标准 GB/T 50104—2010 ［S］. 北京：中国计划出版社，2010.

［3］ 中华人民共和国住房和城乡建设部. 房屋建筑室内装饰装修制图标准 JGJ/T 244—2011 ［S］. 北京：中国建筑工业出版社，2011.

［4］ 李元玲. 建筑制图与识图 ［M］. 北京：北京大学出版社，2012.

［5］ 张毅. 装饰装修工程快速识图技巧 ［M］. 北京：化学工业出版社，2012.

［6］ 张书鸿. 室内装修施工图设计与识图 ［M］. 北京：机械工业出版社，2012.

［7］ 夏万爽. 建筑装饰制图与识图 ［M］. 北京：化学工业出版社，2010.

［8］ 孙勇. 建筑装饰构造与识图 ［M］. 北京：化学工业出版社，2010.

［9］ 张建新. 怎样识读建筑装饰装修施工图 ［M］. 北京：中国建筑工业出版社，2012.